建筑艺术与文化系列读本

Idea of Architecture

建筑意

第三辑

萧　默　主　编

王贵祥　副主编

中国建筑工业出版社

图书在版编目(CIP)数据

建筑意／萧默主编．—北京：中国建筑工业出版社，2004
ISBN 7-112-06389-2

Ⅰ.建... Ⅱ.萧... Ⅲ.建筑学 Ⅳ.TU

中国版本图书馆CIP数据核字(2004)第020148号

责任编辑：王莉慧
责任校对：汤小平

建筑艺术与文化系列读本

Idea of Architecture

建筑意 第三辑
萧 默 主 编
王贵祥 副主编
*
中国建筑工业出版社出版、发行(北京西郊百万庄)
新华书店经销
北京广厦京港图文有限公司制作
北京方嘉彩色印刷有限责任公司印刷
*
开本：787×1092毫米 1/16 印张：12 字数：230千字
2004年6月第一版 2004年6月第一次印刷
印数：1-3,000册 定价：59.00元
ISBN 7-112-06389-2
TU·5641(12403)

(邮政编码100037)
本社网址：http://www.china-abp.com.cn
网上书店：http://www.china-building.com.cn

建 筑 意

第三辑

策　划　时空意匠文化艺术工作室

协　办　清华大学建筑学院
FAR2000建筑网站
ABBS建筑网站

顾　问　吴良镛　周干峙

编　委　王　东　王　军　王其亨　方　拥　韦有修
卢正刚　邝劲松　刘骁纯　吴焕加　邢同和
罗哲文　张锦秋　侯幼彬　陈衍庆　莫天伟
秦佑国　高介华　曹　扬　程泰宁　傅熹年

主　编　萧　默

副主编　王贵祥

编　辑　李华东　包志禹　张　嘉　徐贞挚　薛珊珊

编　务　刘玉坤　许飞雪

设　计　时空意匠文化艺术工作室

出版日期　2004年6月

编者前语/时空意匠文化艺术工作室

“现代建筑”是泛指“现代”这一时间段的建筑，如不特别表明，应该也包括“当代”在内，但并不表明其观念或风格。所以，可以有“西方现代”，也可以有“中国现代”或“日本现代”。“现代主义建筑”则特指西方从19世纪中叶开始萌芽，20世纪30年代完全成熟的一种创作思潮和实践。“现代主义建筑”同时也对西方以外的世界其他地区包括中国产生了重大影响。

但我们往往并不去注意这种区别，于是，似乎世界上所有地区的“现代建筑”都理所当然地是“现代主义建筑”的直接继承，而不必再去考虑它们是不是还有必要加以地域性的前缀了。中国现代建筑的根也不再存在于中国本土，而只要直接地全面地继承“现代主义”，与“西方现代”并驾齐驱，就万事大吉了，并以此作为“与世界接轨”的回应。中国的传统和文化只不过是“包袱”，也可以不再提及。

这种观念，不但是对于本土文化的背离，同时，也源于对“现代主义”认识的肤浅。要知道，“现代主义”并不是几位开拓者的一时心血来潮，也不仅只具有手法上的意义，或仅及于建筑这一个领域，与中国本土文化一样，同样有着深厚的土壤，是西方文化适应现代社会发展的必然创造。

吴良镛先生希望中国的建筑师“必须具备一定的基础条件，既要对中国的思想、文学、哲学和文艺理论等有广泛的了解，又必须有西方文化理论的根基并能够对西方史学方法有所借鉴。”①吴先生深感我们不但对自己，同时“对西方的理解也不够系统不够深刻”，经常处于“含而不化”的状态②。

本辑组织的“艺术与建筑中的现代主义”、“雕塑型建筑与未来的艺术女神”、“组亭·弯水·丹陛桥”、“东西方建筑观之探讨”等及其他几篇文章，就是提倡系统了解西方建筑文化、也了解中国建筑文化，同时注目于从中西文化比较的角度，深化认识的一种试探，相信会引起读者的兴趣。“艺术与建筑中的现代主义”是有关现代主义系列文章中的第一篇，其他几篇也将陆续在本辑刊发表。

当前，国外建筑师大举进军中国建筑设计市场，已是不争的事实。给中国建筑创作带来了不少冲击，其中既有正面意义，也有负面影响，不管怎样，应该给以关注。本辑“建筑评论”栏报道了几座建筑，其中“CCTV总部”是主要根据网友的发言编写的，杭州“梦幻城堡”也收录了不少网友的意见，许多都涉及了一些根本的方面，虽多是年轻人的意见，同样非常精彩。吴良镛先生还说：“设计竞赛既是技术与经济实力的竞争，也应该是文化的竞争。……中国建筑师要赢得竞争，就理应熟悉本土文化，拥有这个优势。”[3]本刊认为，竞赛的组织者同样也要具有“建筑文化”的观念。

“夜谭录”一共6篇，本辑已连载结束。这是一组写给入门者的文章，以通俗为要，但涉及的方面不少。我们欢迎更多这样深入浅出的文章。

“天竺游踪”是作者根据亲身游历写作的，在本辑刊已发表了6篇，还有几篇将继续刊出。建筑师出国的机会不少，公余之暇，能不能让大家也都来分享您的一份感受呢！

本辑又发表了几篇“非业内人士”的文章，感谢他们对建筑学术的关心。他们的文章，比起那些大部头抽象理论，更加清新而多趣，也很具启发性。

① 吴良镛：树立“建筑意”观念——谈中国建筑文化的创造.《建筑意》第一辑。

② 吴良镛：序言. 萧默主编《中国建筑艺术史》。

③ 同注1。

目 录

第三辑

目 录

第三辑

2004-3

Idea of Architecture

Catalog

艺术与建筑中的现代主义
（一）

王贵祥　译介*
理查德·威斯顿(Richard Weston)原著

由英国费登出版社于1996年出版的这本书原名《现代主义》(Modernism)，英国学者理查德·威斯顿著，所涉不只是现代主义建筑，也涉及艺术，更有关于现代主义观念的产生及其社会表现的一些描述，对现代主义作了相当深入的剖析，也批驳了西方一些人关于“现代主义已经死亡”的错误观点。不仅对了解西方近现代建筑与艺术发展，而且对于恰当理解我国当前的建筑与艺术乃至生活现象，都有所助益。

这是本人近年读到的有关现代主义的一本较好的书。首先，这本严谨而缜密的学术著作不是单纯的“现代主义建筑史”或“近现代建筑史”、“近现代艺术史”，而是着眼于将现代主义作为一个社会现象的整体来叙述的。这本书对产生现代主义建筑、艺术，工艺美术，乃至种种生活现象与思想现象的背景，重要转折点，都作了细致入微的揭示。叙述中采用了不少史实细节，使文笔更加生动引人，为我们绘制了一幅十分饱满的现代主义产生、发展的全景透视图。

本书的研究方法也比较接近目前西方哲学和社会科学的研究方法，即不试图去建立一个宏大的体系，不追求理论体系的内在完整与连续，而是通过具体而细微的事件叙述，使事物的真实，逐渐展示在读者面前。这是目前西方学术界回避“宏大叙事”话语方式的一个例证，更接近严谨而慎重的中国学术界欢迎的话语风格。作者只是用十分

*译介者：清华大学教授。

平白的叙述性话语，逐渐地平铺直叙地将20世纪艺术与建筑中的现代主义描绘了出来。在这里并没有生硬地将艺术与建筑区分开来，艺术的变化缘之于社会经济与思想的变化，建筑潮流的发展与艺术思潮的变化似乎同步却又稍稍滞后一些。现代主义就植根于19世纪与20世纪日常的经济与社会生活之中，只是由于一些顺应潮流的弄潮儿轻轻一拨，就如洪水般奔腾而下。从内容中也可以发现许多过去我们不了解或误解的东西，如对战前俄罗斯建筑与艺术的探索、西方现代主义建筑与艺术兴起的真实过程和真正起因、现代主义绘画产生与发展的细节及社会与思想背景、战后现代主义建筑的重要原型来源等等，都是我们在此前的著述或译著中不经见的。

目前中国有关现代主义的译著，仅有一本译自20世纪60年代意大利人的著作，内容太陈旧，观点与史实乃至研究方法、叙事风格都较为过时。而国人有关现代主义的著作，主要谈建筑，且比较体系化，不适合建筑界以外或对建筑理论体系的兴趣不大，只想了解所谓现代主义艺术"究竟是什么"的大众读者的趣味，此书恰可弥补上举两种书的不足。我是在1997年赴日本考察时看到这本书的，粗翻了一下，觉得它在体例与内容上都与以前所见不同，立即就被它吸引住了。

本文将主要介绍这部著作的"导言"部分，是对全书的一个概略性介绍或引入。至于对全书正文中的其他问题，本人今后将择其要者再陆续介绍。由于是译介，既不是忠实的翻译，又不是译介者的自撰，可以说是对原作者思想的一个展示与叙述，是顺着原作者的叙述逐渐铺陈的，其中夹杂了一些译介者的议论，也是对原作者思想的某种理解与揣摩。如果有什么悖误之处，很可能是本人对原作者的误读所致，也许，这需要一个完整而准确的译本问世才能完全避免。

一、什么是现代主义

现代主义一直是20世纪的一个热门话题，艺术领域的现代主义最早恐怕可以追溯到一战之前，如1914年音乐家斯特拉文斯基演奏的《春之祭》，就以其无调性、无和声的现代音乐特点，使当时的世界瞠目结舌。绘画领域的现代主义，由毕加索引领潮流达数十年之久，其间也是大师辈出。文学上的现代主义，如意识流文学之类，在二战前后达到了相当的高潮。而现代主义建筑运动则酝酿于一战前后，并在二战以后，尤其是20世纪50～60年代，得到迅速的发展。现代主义建筑之晚于音乐与绘画，似乎也很容易理解，因为，建筑是一种需要大量物质投入的艺术创造活动。现代主义建筑在世界的各个角落蔓延开来，直至事情发生新的变化，在总的潮流掺入了后现代主义、解构主义之前，现代主义一直是世界建筑创作的主流。

按照理查德·威斯顿的说法，“现代”就意味着当今时日，所谓现代主义者，则意味着对于一种新的传统在信仰上的认同，这一传统源之于20世纪最初几年所出现的艺术家们的一些创造性信念。事实上，现代主义是一系列使人迷惑的运动——立体主义、表现主义、未来主义、达达主义、连续主义、超现实主义——及观念——抽象艺术、功能主义、无调性音乐、自由体诗——的总的代名词。这些运动或观念的大多数，都出现于第一次世界大战或前或后的一个不长的时期内。其触角所及，几乎深入到所有艺术门类，并开花结果，诸如诗人、画家、作曲家、作家、建筑师、舞蹈家、导演、电影制片人等等，都以“新时代”的名义争先恐后地贴上了如上形形色色的标签，正是在这些运动与观念中，他们发现并认识了自己。在令人不解地预测了自由资产阶级文化的崩溃之后——事实上这一崩溃也于大战期间最终来临——现代主义在20世纪20年代趋于成熟，并在魏玛时期德国的自由空气中繁衍滋茂。正是在魏玛德国，这许多新的思想，渐渐变成了建筑学的观念与建筑作品，同时，在不知不觉间的某个时候，每日每夜环绕着我们的这个世界的外在形象，也终于发生了变化。

威斯顿认为，现代主义美学则于1930年左右趋于成熟。这时候，资本主义经济被大萧条拖得筋疲力尽。在德国、意大利与苏联日渐兴起的极权主义也开始威胁到艺术的自由：墨索里尼强迫现代主义建筑师为他的法西斯主义的辉煌进行设计，希特勒在横扫“堕落”的现代艺术的所有痕迹，斯大林也正在剪灭伟大的苏联艺术的火焰。大多数德国现代主义的头面人物纷纷移民他国，许多人最终在美国落足。在美国，他们与一个充满活力的消费经济相遇。艺术家的来临，也正迎合了美国某种试图建立文化潮流领导者地位的体制的急切渴望。纽约取代巴黎成为艺术世界创造力的焦点，基于现代主义原理的美国一般建筑和具有地方特点的设计，荡涤了在其之前的一切建筑形式。于是，有着征服一切之势的现代主义美学在美国兴起。但此时，作为一种具有革命意义的创造性努力，现代主义可以说已经过去——它已经变为一种学问——可是，作为一种塑造人们日常生活的力量，现代主义的影响才刚刚让人们开始感觉到。

理查德·威斯顿谈到，他在写这部书的时候，从所接触的材料中，深深地意识到，对许多人而言，“现代主义”这个词其实是一种诅咒。在他读到的相当一些英国出版物中，“现代主义”一词十分明确地包含了某种轻蔑的涵义。即如最近出版的一本有关建筑历史的通俗读物，也还是这样开始它关于现代时期的叙述的：“一个世纪以来的事实一直在证实，那些极权主义者——斯大林、希特勒、波尔布特——们的热情及其制度，也许可以被夸张成为与现代建筑运动相类似的悲剧或灾难。关于这一点，只要指出它所造成的社会意义上的痛苦或美学上的遗憾这一结果，就足够了。”他认为他的这本书的目标，并非是为现代主义辩护。他认为那些作品本身——人们一直在努力去理解这些作品——正是它们自身最好的辩护。不过，威斯顿的确是带着同情与钦佩的心情在写作的，因为他相信历史自会对文艺复兴以来人类艺术创造力最为引人注目的迸发这一事实作出公正的裁决。现代主义是与经济和社会的现代化过程密切相关的，很难说究竟应该由谁对现代建筑所造成的那些过失与罪责承担责任？是由房地产投机商、还是由那些靠雇佣了许多三流建筑师来维持城市建设发展的政府官员们负责？用威斯顿的话说，这些三流建筑师是在用廉价的或信手捻来的现代建筑的复本，不断来充斥我们的城市。

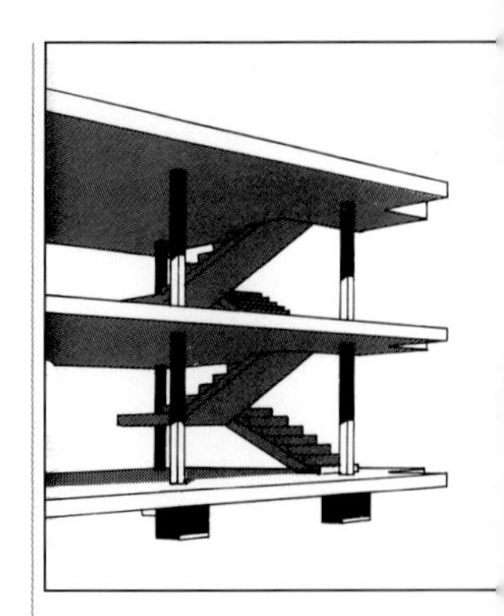

■柯布西耶的Dom-ino住宅(1914年)结构示意

二、现代主义建筑缘起

在开始追溯现代主义在19世纪的起源之时，为了尽快抓住事物的核心，理查德·威斯顿描绘了出生于瑞士的建筑师、画家、宣传家查理－爱德华·让纳雷(Charles-Edouard Jeanneret)1914年开始投身建筑设计的情况。这位年轻的建筑师后来将自己的名字改为勒·柯布西耶

■柯布西耶的Dom-ino住宅（1914年）

(1887－1965年)。他起初设计了一个名为“Dom－ino”的住宅设计体系，是在一个平面上用柱子支撑六个点，通过由一个预制的钢筋混凝土框架和由在工厂生产的隔墙、窗户、门及其他构件，这一体系试图利用现代工业的力量对一个迫不及待的形势作出反应，这就是那些散布在佛兰德地区战场上的许多被战争摧毁的村庄。

15年以后，在布宜诺斯艾利斯一个学术报告会上，勒·柯布西耶讲述了这一设计体系的渊源。他说，是佛兰德那些传统住宅特有的、表面几乎完全光洁的街道建筑立面，激发了他的创作灵感，这至少花费了他十年的时间去体味与琢磨其中的韵味与内涵。威斯顿认为，在比较了他第一次的“Dom－ino”设计与建于1926年的位于巴黎边缘、俯视布隆森林的库克住宅设计之后，人们可以直接体味到勒·柯布西耶在追求些什么。

尽管使用了革新性的框架结构，“Dom－ino”住宅仍然沿用了传统的建造方法：窗户仍旧是墙体上的洞，房间平面也没有利用独立框架所提供的可能自由，作出任何大胆的开拓。事实上，对于这样一个建筑学意义上的住宅，结构没有能够提供任何美学上的贡献——既没有将柱子，也没有将板作为某种正式的建筑构成要素来使用。而在库克住宅

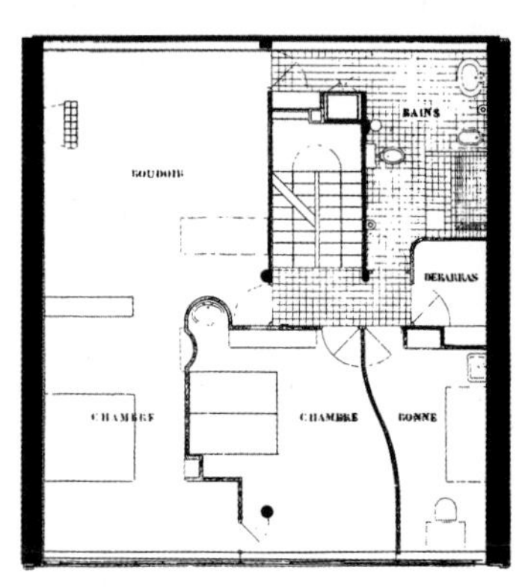

■柯布西耶的库克住宅

中，结构体系成了建筑思考的基础，由结构来决定房屋的组织、入口的设置、居处的方式，甚至照明的处理。勒·柯布西耶骄傲地将这座住宅称作包含他的“新建筑的五个要素”的第一次尝试。我们所熟知的作为现代建筑代表性特征的这五个要素是：

1.使用柱子（他称之为Pilotis—“成排的木桩”）将房屋架离地面，以留出空间为人与车提供便利，通过使人能看到第二层的楼底板并消除掉一个基座，来强调建筑物的方盒子特征。他认为基座在“患结核症的巴黎”是不健康的形象。

2.用平屋顶创造一个屋顶花园，以补偿由于建造房屋而“失去”的地面，并为人们创造一个晒太阳、锻炼身体及凭栏远眺的私用户外空间。

3.充分利用由框架结构所提供的自由，按照需求来布置房屋的隔墙。这一点他称之为“自由平面”。

4.在非承重外墙上用玻璃来填充或留出洞口，以便随心所欲地创造封闭私密的空间、各式窗户以及开敞的平台。他称这样的做法为“自由立面”。

5.使用水平长窗（条形窗或带形窗）以提供一个平远而充足的光线（这其实是一个未经实践充分证实的令人怀疑的说法——其理由如其说是实践的，不如说是美学的）。

理查德·威斯顿把关于勒·柯布西耶“新建筑”的分析，放在他的著作的第3章作了进一步的说明。这里我们可以专注一下勒·柯布西耶是怎样确立他的新观念的。

首先，所谓“新建筑”是一个关键点。上述的“五点要素”通过对形成建筑学根基的主要要素的重新确立，标志出了一个新的开端。为了取代阿布·罗吉尔的著名的“原始棚屋”（关于古典神庙在原始木造阶段起源形式的著名假说），勒·柯布西耶创造了一种机器时代的结构，并且保证使平面与立面能够得以自由处理，以创造一种他认为是具有永恒意义的建筑——一种“如大师般自如地、正确无误地与气势恢宏地对体量进行权衡与把握，并将之与光揉捏在一起”，以体验某种通过建筑物所进行的建筑学式的炫耀。

其次，这是一个建筑体系，而不是一种约定俗成的风格。因而，从原理上讲，这一体系对于其他的建筑阐释能够相互包容。

第三，它的目标是开拓一种机器时代的技术与工业化的产品，以解决那些难以预料的问题——由战争的残垣断壁带来的对于大量住宅的需求，以及用屋顶花园、为健康所需的充足光线和由“技术引发的情感抒发”去丰富的每日的生活。

此外，它还强迫去表述某种现代化的“新精神”：库克住宅与以往西方的任何建筑没有相类之处。你可以从上、从下，甚至从内至外地打量它，它的形式使人敏感地联想到一种最为现代的机器——飞机。

所有关键性的概念都可以追溯到19世纪甚至更早。建筑学式的炫耀是从18世纪英国风景园林理论中的诗画意境的概念引发出来的，并被应用到街道设计的理念上，后来甚至用于单体建筑设计。建筑体系的思想是基于建筑学应该以建筑技术为基础这一信念之上的。这一术语的最初使用几乎可以与“风格”一词互相置换。到了20世纪末，“建筑体系”这一概念已经成为“风格陈列”一词学术上的对偶语。

最后，相信建筑应该表达“时代精神”的观念，被当时浪漫主义思潮所激励，也被通过表现“现代生活”的特点与成就以唤起对“新风格”的不懈追求所证明。这也坚定了这样一个信念，即为了对由19世纪稳步增长的工业化所创造出来并影响到所有艺术类型发展的新的生活方式作出一个恰当的表述，对新的技术方法与美学形式的需求是不可或缺的。

三、现代主义的根源

现代主义产生的根源，应该追溯到19世纪。但早在1780年代，当英国从工业革命中开始获得回报，英国的经济扶摇直上，法国大革命也开始了它最终由资产阶级统治取代封建王国的过程之际，对“现代”的感觉就已经在孕育之中，并最终成为了现代主义的前奏。然而，现代主义的诞生却被拿破仑的战争所延误，只是在1815年和平最终来临之际，新的经济与技术的资源才得以被建设性地利用。1820年我们可以看到在西班牙、葡萄牙及意大利的自由主义革命，1824年则发生了反对沙皇尼古拉斯的起义。这次起义是最终导致1917年具有震撼性的社会革命的一次早期演习。与此相反，美国则从一个原本步履维艰的前殖民地，向着一个强有力的国家迅速迈开了大步，而不列颠王国也继续着它向印度次大陆的扩张。一时间，世界上的列强国家都在忙于领土扩张，以及对弱小民族的征服，有时甚至是毁灭。现代世界的基础，大约在1830年时就有效地确立了。

伴随着这些地缘政治事件发展的，是一股使人们对世界有更深理解与把握的科学发现与发明的潮流。约翰·达

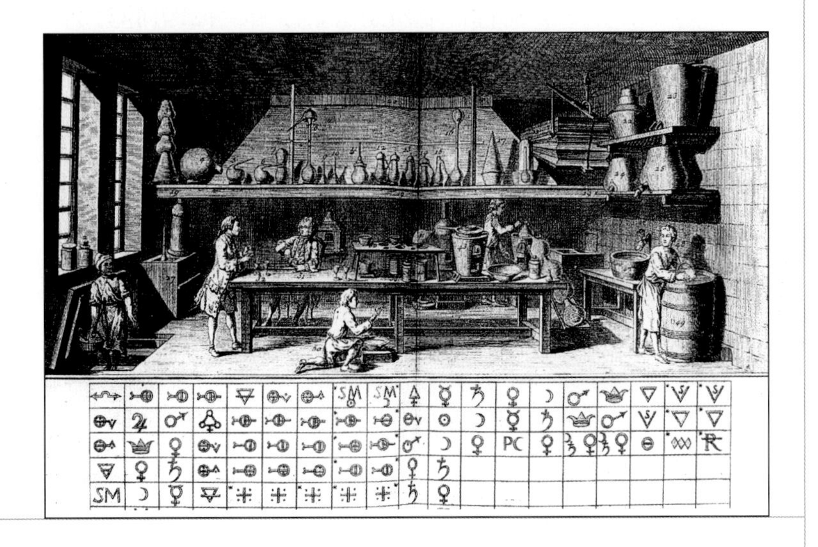

■ 图为法国思想家狄德罗(1713—1784年)编辑的17卷本《百科全书》关于化学的插图，从书中可以看出启蒙思想家们当时探究的学科领域有多么广阔。

尔顿在1808年发表了他的原子理论；汉弗雷·大卫从一个出生于康瓦尔郡农村的穷苦人，成为了皇家学院的一员，并奠定了现代化学的基础。他的助手与门徒米歇尔·法拉第也是从一个与他相似的卑微出身，成为了现代电磁学之父。1830年查尔斯·里尔出版了《地质学原理》，从而确立了大地质时代的体系。与此同时，查尔斯·达尔文的《物种起源》于1859年问世，阐明了地球以及繁衍其上的生物，是怎样进化而来的。这无疑是对圣经创世传说的一个无可辩驳的挑战。由乔治·斯蒂芬森设计并建造，用来从英格兰的斯托克顿向达令敦运送煤炭与旅客的世界上的第一条铁路，于1825年9月正式开通，恰恰在1825至1826年发生的经济崩溃的前夕。在1820年代，我们还可以看到第一部载人电梯、一大批机械工具以及用来保存食物的现代听式罐头的发明。然而，最能标志机器时代的来临的，是世界上的第一条生产线的发明，以及为木器加工厂发明的圆盘锯。这两项发明，都是由马克·伊萨巴德·布鲁奈尔完成的。

■ 早期火车—1808年就已有了蒸汽火车，但大规模应用的是英国人史蒂芬森在1829年制造的“火箭号”机车，图示是其模型。到了1850年，英国拥有的铁路已长达10000km。

布鲁奈尔的生平是一个典型的现代生活故事。他在法国的诺曼底出生并受到教育，为了躲避大革命的动荡而逃亡到美国以寻求自己的机遇。然而美国并没有赐于他机会，他苦苦地期待着，当听说英国海军大量需要船用帆缆索具墩（每一艘74炮的舰艇需要922个）时，他匆匆忙忙赶到英国。1801年他的一系列用于大批量生产的机器的想法被采纳了，并将他原来的两个经销商福克斯与泰勒变成为合伙人。然而，由于这两个人顽固地认为机器不可能代替熟练的技术工人，他们失败了。1803年第一个索具墩从生产线中加工出来，两年以后福克斯与泰勒需要110个经销商，才能应付布鲁奈尔10个不很熟练的工人的产品。最终，这两个人失去了委托购销合同。布鲁奈尔的圆盘锯与之有相同的效果，可以省去木加工费用60%之多。同样的机器很快在整个英国到处安装。同样令人印象深刻的是他的制靴厂，他雇佣了24个有残疾的军人，生产出价格相当于手工制靴的三分之一，甚至更低的，而质量更好的靴子。这些靴子被滑铁卢之战的惠灵顿的士兵们所穿，同时，也被拿破仑的士兵们——如果他们能够搞得到——所穿。

■这是1846年创作的石版画，表现了当时英国的火车。

布鲁奈尔作为一个天才发明者，却缺乏机敏的商业头脑。制靴工厂因为和平的突然来临而受到冲击，只留给他价值500镑没有卖得出去的债券。在1821年，他的银行破产时，他发现自己已经成为债主们的阶下囚。在重新获得自由之后（这应该感谢惠灵顿公爵的从中斡旋），他同他的儿子伊萨巴德·金东，使用一种1818年申请了专利的机器，推进了一个在泰晤士河底铺设软基管道的计划。这一机器的设计是从在木头中打洞的船虫中得到启发的。被布鲁奈尔所观察并采纳的原理，导致了一种现代机器的发明。在许多伟大的19世纪的工程师中，完成由自然组织向新机器的创造性跳跃是十分典型的。然而，值得注意的是，大多数建筑师却缺乏如此经历。人们并不惊奇地发现，建筑师们的注意力总是被某种习惯所左右，所以19世纪许多最富革新意义的建筑物，都是工程师，而不是建筑师的作品。但对于布鲁奈尔而言，不幸的是，管道离河床太近，因而很快就变得十分危险。1828年工程被暂时中止，直到1843年才竣工。像制靴厂一样，其结果也是一场财务灾难。

布鲁奈尔生产线的成功得到了广泛的认同与模仿。令人们吃惊的是，这些生产线向人们证明了原则上机械工具可以取代绝大多数——如果不是全部——的传统手工劳动。伴随着由机器充斥的工厂而来的经济与社会的结果是我们所熟悉的：大量人口从农村涌入城市，随之而来的是由漫无边际的拥挤的、草率建造的住宅所造成的社会与环境的恶化。更糟的是，造成对穷苦平民住宅的摧毁；同时，资产者与产业工人之间收入的惊人差异；中产阶级管理阶层、官僚阶层，以及专业技术阶层的出现，并以他们丰厚的收入支撑一个庞大的艺术品、家具，以及其他手工艺品的市场。到了19世纪的中叶，如我们所看到的，以由机器制造的艺术品与手工艺术品两者间孰是孰非为主题的，在美学道德方面充满痛苦的争论，几乎蔓延了欧洲大地。

可以想像，在19世纪以前，像布鲁奈尔这样的一生无疑是不可能的——他要在两个大陆之间联络奔波，工业资

■ 1839年，英国土木工程师詹姆士·内史密斯发明了蒸汽锤，促进了重工业的革命化。他还是一位画家，这是他描绘自己发明的油画。

本主义无可预料的反复无常，使得他一夜之间忽然暴富，转眼又堕入负债的深渊。卡尔·马克思在1848年发表的《共产党宣言》中，对布鲁奈尔与他的同时代人所面临的变化莫测的动荡局面，作了十分经典与形象的描述："生产的不断变革，一切社会关系不停的动荡，永远的不安定和变动，这就是资产阶级时代不同于过去一切时代的地方。一切固定的古老的关系以及与之相适应的素被尊崇的观念和见解都被消除了，一切新形成的关系等不到固定下来就陈旧了。一切固定的东西都烟消云散了，一切神圣的东西都被亵渎了。人们终于不得不用冷静的眼光来看他们的生活地位、他们的相互关系。"

四、19世纪的巴黎

"一切社会关系不停的动荡"所带来的最明显的后果之一是各个工业城市骇人听闻的条件。在英国，人们发起了一系列慈善迁徙，从工业小镇如萨尔塔热迁移到埃比尼泽·荷华德理想的花园城。然而，无论在哪里，想对付那些潮湿的空气污浊的老鼠肆虐与疾病侵袭的贫民窟，却并非易事。这是一些无所不在的事实，在这个基础上，我们才会理解20世纪早期那些乌托邦式幻想之由来。毫无疑问，第一个面对现代城市病的是巴黎。但是，巴黎由中世纪城市向现代化的变化与其说是出于公共健康的理由，不如说是为了国家的安全。在19世纪上半叶，伴随着豪华住宅与政府办公建筑的建设，巴黎人口翻了一倍，而城市可以提供的住宅却大大减少。滑铁卢之战以后数年的经济动荡，使得一个时期失业人数急剧增加。由于缺少必要的福利体系，饥饿以及霍乱与伤寒的流行，总是不可避免地蹂躏着巴黎那些拥挤的老街区。在这样一个历史背景下，我们不难了解，在1827至1851年间，巴黎的街道，至少有九次被起义或称暴乱的群众设置了路障。为了应付这种情况，足以提供宽裕的空间部署军队，设置防线宽阔而通直的街道网络，就成了最佳的防御手段。1852年第二帝国建立后，拿破仑三世在他的位于圣克劳德的书房中悬挂的大幅巴黎地图上，粗略地画出了一些直线街道。但在以后许多年中，直到一次偶然的街头巷战——这次巷战使乔治·尤金·奥思曼公爵坐上了总督的宝座——之前，巴黎的街道一直没有什么实际的变化。

奥思曼在他的回忆录中谈到，他首先是要清除大建筑、宫殿，以及兵营周围的障碍，使得这些建筑看起来更加悦目，在庆典的日子里更容易出进，一旦发生暴乱，也比较容易采取防卫措施。一方面，以“系统拆除环境污浊的小街及流行病集中地区”为名以改善健康状况的目标远没有达到，另一方面，由于“开通了宽大的林荫道……更便于军队的调遣，从而在保证社会稳定方面取得了相当的成功。……通过这样一个机敏的组合，许多人的条件有了改善，

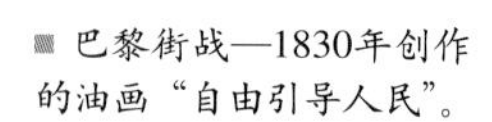
■ 巴黎街战—1830年创作的油画“自由引导人民”。

■ 巴黎的改造(1861年)

他们也就没有多少兴致去参与骚动了。”

奥思曼计划用17年时间完成三项计划。然而，他几乎没有得到那些受过学院派训练的建筑师的什么帮助，因为他们发现很难使自己适应正在进行的宏大尺度的建设。同时，也没有经过专业训练的城市规划师参与其事。于是，他不得不依赖从事桥梁与公路建设的资深工程师尤金·贝尔格兰，和有着工程师背景的风景园艺师简·沃尔凡德，以及他的高级测量师德斯钱伯斯，测量师则为他成功绘制了总平面图。为了支付庞大的在建工程的费用，奥思曼建立了一个由已完成的城市设施的价值为信托的新的公共财政体系，以一个由他个人控制的特殊基金作担保。

奥思曼以一个温和的独裁者的形象实际操纵着整个建设工程，到1869年时，他已花费了25亿法郎，用于建设林荫大道、广场、公园、各种室外公共休息与活动场所、交易大厅、桥梁、排污管及其他公共设施。在那一年的3月，议会就他的超额开支进行了辩论，议员们投票要求清偿特殊基金，并严格限制他的活动自由。这标志着他的垮台就在眼前。那些从奥思曼的努力中得到最大好处的资产者们——他们没收了他的财产并作为许多福利事业的新的基金来源——最终掉转头来反对他。

奥思曼的同时代人对变化的幅度之大感到不可理喻地烦恼。从密集的城市街区中开辟出宽大的林荫大道，会不可避免地破坏一些已有的社区，而在汽车出现以前许多年的那个时候，不知所措的人们不可能理解城市新的交通系统需要这许多宽阔的干道。穷人们也有抵触，因为无论怎么样，也不要破坏那些他们赖以生存的老街区。大多数资产者们显然也没有能够把握住这些变化所带来的经济逻辑。在发展的高峰时期，巴黎有四分之一的劳动力得以就业，并刺激了各种地方企业的大幅度发展。那些典型的经济型6层公寓的底层和夹层，都被各样生意人租住。工作的速度令人吃惊，新的林荫道似乎在一夜之际就会出现，还会伴之以有30年树龄，植繁叶茂的行道树。这些树多亏了一种专门发明的、用来移树的机器的协助才有可能移栽。

在街道的转角处设置了各样餐厅与咖啡馆，厅馆门前摆设招摇的露天咖啡座。对今天的游客而言，这些露天咖啡座的花费也是出名的昂贵。这些很快都变成了浮华的巴黎人无所不在的象征。而所有这一切，也都是因为奥思曼提供的铺张而宽阔的街道。道路两侧留出了充分空间大量种植树木，设置长椅，并让拥挤的行人缓慢而悠然自得地行进。主要的道路交叉口，或林荫大道的尽端，用纪念碑或公共建筑物作为标志：每一条道路看起来都将被引导到某一个地方。

真应该感谢这些林荫大道带来的许多方便，它成了散步者留连的地方，也成了新型的都市人或闲逛者的乐园。闲逛的人群是林荫大道所带来的典型的现代生活的鉴赏家。

在人群中徜徉，是这个拥挤的社会一种难得的享受，可以尽情地浏览时髦的服装、昂贵的商品，或欣赏漂亮的女人、年轻的情侣，以及穿梭不止的车水马龙。

五、现代艺术的孕育

第一个触摸到所谓“现代”的思想脉搏并对之加以描述的艺术家正是掀起巨变的奥思曼时代的巴黎人，这就是诗人查尔斯·鲍德莱尔。他在1863年发表的一篇庆典性的文章《现代生活的描绘》中写道：“所谓‘现代’是这样一种艺术，它的一半是昙花一现，陌路偶逢；而它的另一半是时来运转，如日中天。”现代生活的画面向人们展示了“它所包含的刹那即逝的瞬间，与来日方长的潜流。”诗人自己也感受到了被推挤着涌向现代生活的活力。他被那“优雅的马车与昂然的车骥……那生活欢快，服饰鲜艳，步态婀娜的妇女与天真漂亮的孩子”们所感染。“一句话，他被每日凡俗的生活所欢欣鼓舞。当时髦的趣好或服装的款式稍有变化；当蝴蝶领结或弯弯的帽饰被代之以帽上的花结；当女人们披着大围巾，她们发髻的一缕微微垂过脖颈；当她们直起腰来，裙裾被绷得圆润饱满，他的眼光便被这万方仪态所吸引。”

对我们而言，这段甜美的描绘，听起来更像是一则广告，而不像是一篇时新的文学作品。然而，如马歇尔·伯曼指出的，这是现代主义涓涓细流的典型现象，“人们可以看到，一整个现代式的精神冒险，在最新的时装，最新的机器，或者在——这里也许是一个凶兆——最新的军队式样中，都可以体现出来。”鲍德莱尔的描绘，对于一支路过的军队那“眩目的装备，雄壮的军乐，勇敢而坚定的目光，浓重严肃的小胡子”，也表示了同样的兴奋。“他的灵魂与那军队传来的声音融为一体。那是一只蹒跚向前的猛兽，是一尊充满欢悦与顺从的昂首挺胸的偶像”。然而，正如伯曼指出的，在1848年的革命中，当有25000个市民被杀害的时候，鲍德莱尔很可能正在巴黎的这样一支军队中服役。

没有人能够比鲍德莱尔更清晰地预见到现代艺术的挑战就在眼前。他指出，现代画家一定要“把他的根基放在大众的心中；放在时代大潮的潮涨潮落中；放在瞬间与无限之中；……他的激情与他的技艺，应该成为那万头攒动的人群中的鲜活的血肉。” 他必须跳入城市生活的洪流之中，“进入那有如水力发电厂的浩瀚的水库一样的人潮之中。……或者，我们可以将他比作一个具有意识的万花筒”，能够展示那些“活蹦乱跳的芸芸众生们的千姿百态——无论是严肃古板，还是滑稽可笑——以及他们在空间中迸发的喧声闹语。”

就这样毫无顾忌地跳入现代城市生活的涡流之中，不是没有风险的，在1865年写的散文诗中，鲍德莱尔描述了他是如何“在匆匆忙忙中，穿越宽阔的街道，被裹挟在涌动而混乱的人潮之中，令人窒息的死亡之感从四面八方向我迫近。”这不仅是一些生动的想像，也是从鲍德莱尔的意识万花筒中可以洞见的真情实景。伴随着空气中弥漫的欢乐与喧嚣，以及死亡之感的逼近，人们不得不耐心地等待“现代主义”的羽翼丰满，然而，那已是40年之后的事了。

新巴黎的诸多沙龙是培育——尽管是在不知不觉中——艺术先锋派的摇篮。第一位宣称自己具有完全的先锋派立场的艺术家是古斯塔夫·库尔贝(Gustave Courbet)，他以谈吐新奇而令人震惊：“我的绘画是惟一真正的绘画”。他说：“我是本世纪第一个，也是惟一一个艺术家。”50年之后，有着相似的自我中心心态的美国建筑师弗兰克·劳埃德·赖特，也有过类似的宣称，只是他把时间的尺度更放大了五百年。考伯特是一位现实主义者，他的思想影响了那些在1874年举办展览的艺术家们——以这一展览引发出现代艺术的第一次伟大迷惑的印象主义者。

虽然印象主义与一般人想像的那种看起来似乎是与漫不经心的田园风光，以及悠然自得的闲暇生活息息相关，艺术家们还是被赋予了一种责任，即在他们的大部分作品中，要创造一种现代生活的艺术，一种对于城市中的街道与场所的外形轮廓的体验。例如，由卡米耶·毕沙罗于1898年绘制的《法兰西大剧院》就是一例。后期比萨罗绘画，如上面提到的这一幅，在消除水平感方面是十分著名的，由此而创造了某种非常具有现代主义绘画特征的超然品味。虽然一般认为是比萨罗新创了这一画法，然而，第一幅无水平感的绘画早在1880年就已经问世了，是由古斯塔夫·库尔贝创作的。这幅画被命名为《俯瞰林荫大道》，它被一个家庭收藏而尘封多年，直到在1974年举办的《印象主义作品世纪展》上，才重新被注意：从一条林荫大道的上空俯瞰，画着与新的通衢大道相连的公寓楼，是成千上万的巴黎人都非常熟悉的寻常景观。但是，艺术是基于某种绘画习惯的，在库尔贝之前，没有哪位艺术家会想到将他的画架摆放在上层楼的窗前，俯视所绘的对象。

正如德加描绘马戏表演者，由下向上或从上向下看地表现对象，是将写实主义者积年已久的陈规陋习重新激活的关键一环。对于现代主义的艺术家而言，他们在新世纪之初的具有变革性的绘画，就是要向“窗框中的世界”这一绘画顽习进行挑战。这一绘画习惯自文艺复兴发现直线透视法以来，一直左右着西方艺术与西方人观察事物的方法。一位毕沙罗的同代人风趣地指出，他的画应该放在地板上陈列才最为恰当。设想如果人能缩小到微不足道的地步，人们似乎就会在画面的空间中浮游。一幅完美无缺的经验图像，也就会包容外部形体、城市空间，以及现代城市的不规则性与自由多变。

■苏俄塔特林构成主义雕塑——第三国际纪念碑模型，1919年。

六、新技术带来的机遇

19世纪画家为革新他们的艺术所面临的另一个主要刺激因素来自于摄影。它的先驱者是法国的奈斯弗雷·尼波西与路易斯·达格雷与英国的威廉姆·亨利·福克斯·塔博。塔博于1841年研制出了第一帧副片／正片照相制版。摄影能够潜在地取代许多绘画所具有的“记录”功能——从肖像到地点、到事件。到1884年，乔治·伊曼发明了柔韧的副片胶片，五年以后，柯达一号照相机，以及可转动的胶卷问世，开始了一个世界范围的，手揿快门的时代。摄影只是改变人们对于世界的整个感觉、打开一种全新的生活可能性的许多发明之一，其他还有汽车、飞艇、飞机、留声机、无线电报、收音机等等。

新的技术一般都具有它们的发明者所意想不到的影响力。从摩利斯·利伯兰斯1898年发表的小说《这就是双翼！》中，我们既可以欣赏逗乐的故事，又可以得到某些教益。这篇小说为脚踏车所带来的无穷乐趣大唱赞歌——这种现代的自行车，有着两个相同尺寸的轮子与充气轮胎的玩艺儿，在小说问世的时候，才刚刚诞生了12年——小说叙述了两对夫妇乘自行车在法国农村的旅行经历。这种新的在空间中穿梭移动的物质性自由变成了某种——作为小说中的一个章节标题所明确表述的解放了的“新女性”

■第一台柯达盒式相机，1889年由美国人发明。

■第一批柯达牌相机拍摄的照片，当时经常被裁成圆形是因为要避开模糊的四角。

■第一次世界博览会于1851年在伦敦“水晶宫”举行。

■电灯照耀下的巴黎。1879年，美国人爱迪生发明了电灯，这是1900年巴黎的一次展览会，整个笼罩在耀眼的电灯光下。

——对于社会习惯的彻底背离。这种背离包括人际关系、服装、甚至婚姻本身。这两对夫妇最后互换了配偶，各自开始了新的生活。

新技术向人们作出的许诺往往漫无边际。1908年法国小说家瓦勒雷·拉鲍德甚至声称："只要我们愿意，这个星球的整个表面都将为我们所用！……欧洲就像是一座巨大的城市。"这种狂热的乐观也在现代主义艺术中反映出来。首先，在建筑与设计领域，一些开业建筑师与设计师决心要建设一个与日益膨胀的生活的可能性同步的全新的世界。但是，最早的现代主义者已敏锐地意识到，这个世界正不可避免地走向危机。资产阶级生活的骄淫自得与利令智昏令人厌恶，主要欧洲国家之间日益萌发的尔虞我诈使人颤栗。这些现代主义者甚至经常与他们自己民族的文化也水火不容，他们越来越感受到彼此疏离、没有根基、困惑迷茫与分崩离析的恐惧。勒·柯布西耶断言："在这里，创造与破坏无可奈何地比肩而立。" 正如毕加索也说："一幅绘画是诸多破坏的综合"。柯布西耶的口气，与T．S．艾略特在《不毛之地》（1922年）中尖酸的挖苦与绝望的口吻针锋相对，也远比那种面对某种前所未有的光怪陆离支离破

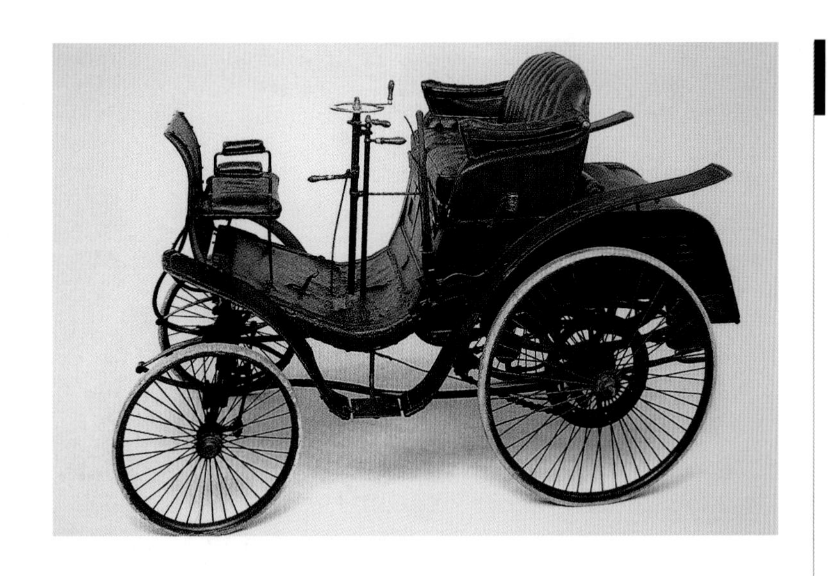

■1897年生产的奔驰牌汽车。样子多么像一辆马车，时速只有30km。

碎孤立无助的生活，所作出的回应更为矛盾。

七、作者对全书的概述

理查德·威斯顿在他的著作导言的结尾部分，对于他这本书的基本框架作了一个描述：

1.现代主义之根深植于19世纪，正是在那里，我们开始了此次探索的旅程。第一章强调的是现代建筑与设计的源头。首先在应用艺术中，我们发现了对于“新风格”的明确追求，它与20世纪的历史相始终。

2.第二章检验了在第一次世界大战之前，现代主义何以在艺术上突然勃兴。

3.战争的冲击，以及随之而来的1920年代的“秩序重建”，将在第三章加以探索。

4.1917年十月革命和世界大战的影响，在俄罗斯艺术中突然引发了一场令人惊异的春花怒放与推陈出新——这将作为第四章的主题。

5.现代主义美学观念的确立，以及所谓“国际式风格”的发展，在第五章进行讨论。

6.最后一章，我们将追踪二战以后领导文化潮流的责

■（左）这是一幅创作于1895年的画，画着纽约的火车、电车和电灯。

■ 早期的汽车多半没有车篷，以油灯为车灯。

任已落在美国，通过建筑、杂志、广告与工业产品，现代主义美学观念几乎在全世界蔓延。

理查德·威斯顿在结论中表示，对于现代主义留给我们的遗产，他也将作出一些扼要的评析。他特别指出，他的这本书并不是试图写一部关于现代主义艺术与建筑的历史，他在全书中着力最多的，是那些对我们当今世界的日常生活产生最大影响的事物与思想。他说他一直更倾向于详细地讨论那些他认为具有关键意义的事件与个人，而不去试图建立一个体系性的，同时也必然是肤浅的概览。他说他非常希望这样一种研究方法，对于我们涉及的思想与作品的丰富性与复杂性，是公正无误的。

最后，理查德·威斯顿不无风趣地指出：现代主义曾经掀起过轩然大波，也曾经有过无数的宣言与评论，并且试图向迷惑不解的公众作出各样的解释，然而，几乎一个世纪已经过去，人们的迷惑却仍然不减当年。

编者按：承本文作者允诺，对理查德·威斯顿的《现代主义》(Modernism)一书的其他重要内容，仍将采取“译介”方式予以介绍，将陆续在本辑刊中刊载。

■毕尔巴鄂古根海姆博物馆全景

雕塑型建筑与未来的艺术女神
——从盖里说开去

刘骁纯*

古根海姆博物馆西班牙毕尔巴鄂分馆于1997年落成，看到媒体刊出的建筑图片，我激动不已，因为1988年我曾写过一篇短文《设计——未来的艺术女神》，那建筑正好可以佐证我的预言。

以后，我产生了进一步了解那位建筑师的强烈愿望。天不负人，2001年6月我行经纽约，正赶上纽约古根海姆博物馆举办这位建筑师的大型回顾展，一进展馆，心中不觉长叹：此行不虚也。

看了展览，我知道了他叫弗兰克·盖里（Frank O.

*作者：中国艺术研究院美术研究所研究员，博士，
中国著名美术评论家，原《中国美术报》主编。

Gehry），犹太裔加拿大人，是在美国开业的建筑师，1929年生，已是74岁的老人了。古根海姆毕尔巴鄂分馆的设计并不是他心血来潮一时冲动而为，那只是他大量的家具、宅邸、公共建筑设计中的闪光点之一。

他的建筑设计的最大特征在于既是建筑又是雕塑，姑且称之为雕塑型建筑。作为建筑，它是具有自由浪漫的造型意识的建筑；作为雕塑，则是受功能制约的超大型雕塑。但它的造型并非处处由物质功能决定，相反，其基本意象来自艺术的想像力，早已走出了现代主义“功能决定形式”的思维框架，也不同于紧随其后的“形式决定功能”。在盖里看来，艺术造型与物质功能不是相辅相成，而是相反相成；不是相亲相合，而是相离相即；不是相依相随，而是相克相生。在我看来，雕塑型建筑和绘画型都市，将是21世纪人类创造的伟大景观，从这个角度说，盖里是世纪之交的真正的“前卫”艺术大师。我称其为“前卫”，是针对他的设计的独特性、创造性、前瞻性、预言性；我将“前卫”打上引号，是因为他与所谓“观念艺术”所说的前卫不完全是一回事；我称其为艺术大师，是因为他的作品在

■毕尔巴鄂古根汉姆博物馆

质和量两个方面都出类拔萃。当然，他不是第一个，更不是惟一的。

问题还得从杜尚（Marcel Duchamp）谈起。

现代艺术（这里主要指绘画和雕塑）可以归结为三点：

1.独立性——艺术一步步从建筑、器物、服装、书籍等实用物品的装饰地位或附庸地位中分离出来，变为独立的、可以自由移动的架上艺术；

2.自主性——艺术一步步从宗教、政治、历史、社会事件、哲学、文学的插图等地位中解放出来，变为不依附其他文字解释的艺术自身；

■毕加索“坎维勒的画像”，1910年。这是一幅早期立体派绘画，仍呈现出依稀可辨的”形象的影子”——一位坐在椅子上的人形。画家将空间事物精确地以平面上的符号表现出来。

■康定斯基“第十三号即兴曲”，1910年。同年，作者出版了第一本著作《论艺术精神》。作者认为，印象派导致了野兽主义和立体派，象征主义导致了抽象艺术，他自己属于后者。

■马列维基的“绝对主义绘画”（1920年后），企图将人类和艺术从对世俗的关注中解放出来。

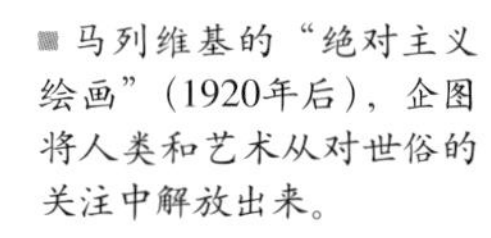

3.纯粹性——艺术一步步从“现实的影子”的模仿地位中摆脱出来，变为自由表达精神世界的纯造型的创造。这三点的核心是追寻艺术的特殊本质。经过古典主义、浪漫主义、印象主义、后印象主义、立体主义、野兽主义、表现主义、抽象主义……艺术的局部要素一步步地本体化，直到剩下了点、线、面。这个过程恰如一层层地剥洋葱皮，以为外层是表面的，内里才是本质。

洋葱皮就要剥到尽头了，或许再剥一层将会发现艺术的真正本质了？！

再剥一层是什么？那就是构成点、线、面的物质要素：画笔、颜料、画布、雕塑刀、铁锤钢凿、泥土石料，以及毕加索（Pablo Picasso）等人嵌入绘画和雕塑的新材料——报纸、木棒、麻绳、铁皮、箩筐等。

问题是，剥到这一层还是艺术吗？杜尚从这里开始了他的实验，追究现成材料（现成品）和艺术（艺术品）的最后界限究竟在什么地方？

1913年他以安装在木凳上的自行车轮作为作品，1914年又将两种构成要素精简为一种，以签上名字的啤酒瓶架作为作品，对现成品和艺术品的关系开始了直接而又大胆地追问，直至创作出了最惊世骇俗、最亵渎文明、最歹徒、最成功、最有代表性的的作品《泉》。

杜尚提出的本题是追究现成品和艺术品的界限，结果却是——没有界限——根本找不到界限。其指向有两个方面：1．现成品即艺术品，只要我们用艺术的态度去对待它。这点主要由1917年的作品《泉》（改变方向的便器）体现出来；2．艺术品即现成品，只要我们用现成品的态度去对待它。这点主要由1919年的作品《L.H.O.O.Q》（加了胡子的《蒙娜丽莎》复制品）体现出来。

当杜尚将便器等现成物品放入艺术展厅时，人们的大脑突然陷入了“麻木”，人们无法了解作品表达什么，它就是它，它不负载它以外的任何东西，包括抽象艺术还负载的艺术家的宇宙观和情态，这似乎是艺术在本体意义上的最终实现。但人们同时发现，杜尚捣毁了艺术与非艺术的界限，将艺术送回了它的出生地，在新的意义上返归了艺术与非艺术的混一状态，艺术成了最不纯粹、最不本体的东西。艺术走向纯粹的最彻底的一步恰恰否定了艺术纯粹化的整个进程。这简直是个巨大的悖论。

它子孙满堂，在装置、身体、地景、捆包、偶发、行动、事件、波普、新媒体、概念等艺术中，甚至在当代绘画和当代雕塑中，现成品像酵母一样到处发酵；但它又断子绝孙，明显的创作烙印又使各种五花八门的艺术无法再称之为现成品，因此在艺术分类上谁也不认自己的祖先——没有“现成品艺术”这个门类。这又是个巨大的悖论。

它最纯粹。如果说一切艺术都是现成品的复杂并置的

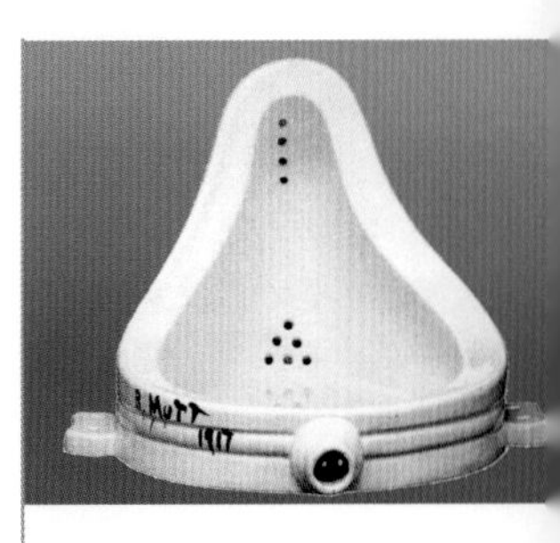

■杜尚“泉”，1917年——一只移放了位置的便器，杜尚只是在上面签上了自己的名字。这是杜尚追寻“现成品”与“艺术品”界限的探索性作品。

■杜尚“有胡子的蒙娜丽莎”，1919年。也是杜尚著名的探索性作品的代表。

■ 保罗·克利“歌唱家罗莎·西贝尔的声音构造”，1922年。罗莎的前两个字母和五个元音，飘浮在一团具有物质质感的色彩云雾中。作者认为，艺术的任务不在于呈现可见的，而在于呈现不可见的。

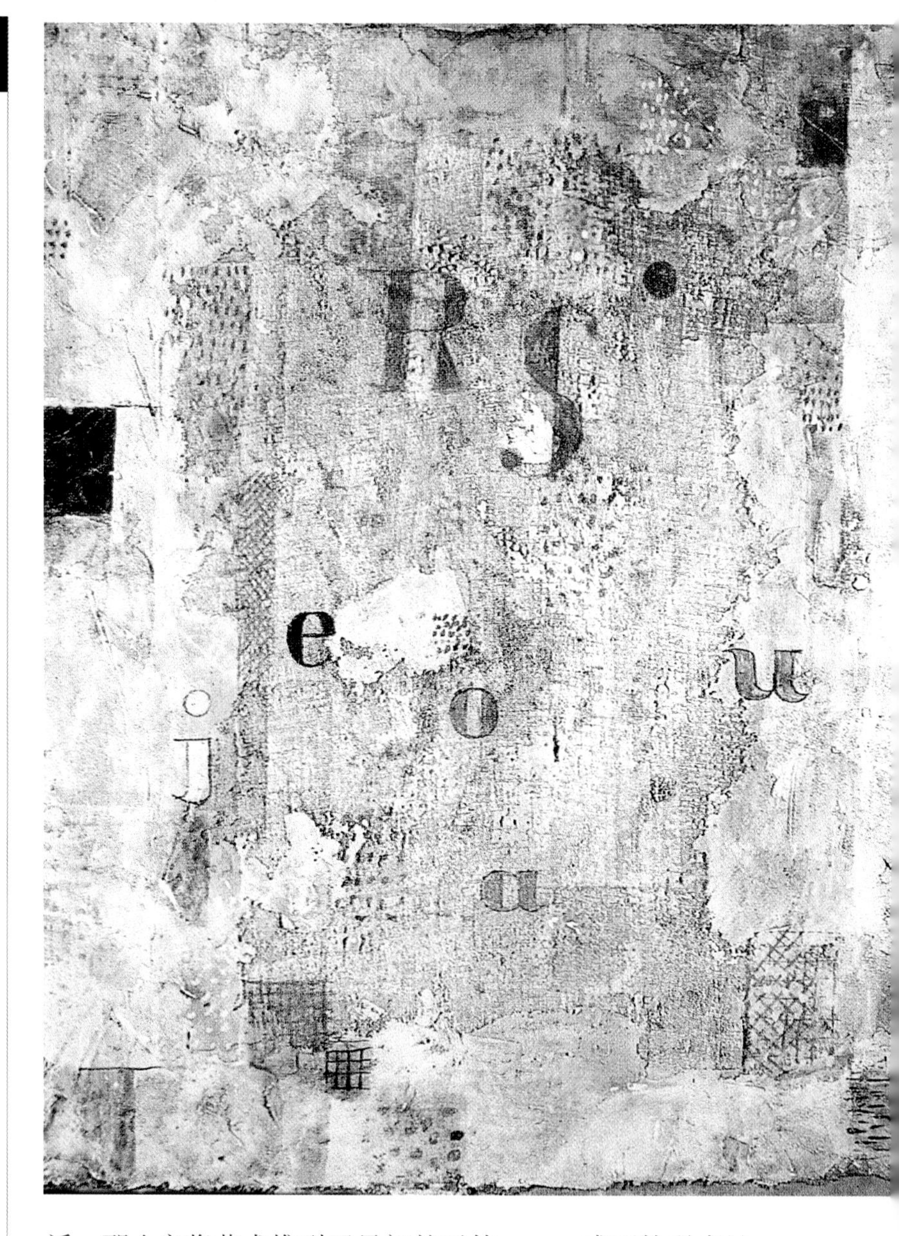

话，那么它将艺术推到了最初的元件——一或两件现成品。但它又最不纯粹。它以本体的最后确认彻底否定了本体自身，并由此宣告了艺术确认自身本质的整个过程的终结。这还是个巨大的悖论。

杜尚将艺术的纯粹性破坏殆尽，但同时它又是脱胎换骨的革命，它开创了人类艺术的全新景观。这种人妖同体的奇观，旷古未有、惊心动魄。

艺术的死亡线同时又是艺术的生命线，它意味着西方现代艺术在走过了纯粹化的极限之后，开始大跨度地迈向新一轮的不纯粹和新综合，开始在新的意义上返回到原始的艺术与非艺术的混一状态。由此不可避免地引发出两股多米诺效应的狂潮：一股是架上艺术的不断消解和非架上艺术的不断滋生，另一股则是实用产品的艺术化以致实用产品和艺术产品的界限日渐模糊。

所谓架上艺术的不断消解，是指这样一些艺术现象：

冷抽象艺术——极少艺术——进而减少到贝尔（Larry Bell）、马丁（Agnes Martin）那样的空白画布（现成品）……

热抽象艺术——进而像法国艺术家莱若依（Eug è ne Leroy）那样，笔触与油彩的冲撞被不断放大并越堆越厚，甚至成为一堆颜料（现成品）……

■康定斯基“黄—红—蓝”，1925年。1926年他的第二部书《点、线至面》由包豪斯出版，分析了形式与构图的方法与其内在意义。

突出材料意味的雕塑——德国艺术家茹克瑞姆（Ulrich Rückriem）近乎石材的作品——进而再发展到英国艺术家理查德·朗（Richard Long）以原始石材布置出来的贫困化作品（现成品）……

雅艺术的通俗性和大众化——波普艺术——进而发展到艳俗艺术……

艺术家的即兴小品——大众涂鸦——进而发展到业余艺术……

所谓非架上艺术的不断滋生，是指这样一些艺术现象：

拼入现成品的绘画和雕塑——挪用和改造现成品的装置艺术——装置艺术走向室外的街景艺术——进而走向大自然的地景艺术……

强调艺术家行为过程的绘画和雕塑——以艺术家身体为媒材的身体艺术——以艺术家的行为为媒材的行为艺术——进而扩展到社会行为、社会事件艺术……

强调观念的艺术——概念艺术……

挪用和改造生物标本的标本艺术……

挪用和改造新媒体的新媒体艺术……

架上艺术的不断消解和非架上艺术的不断滋生这两种多米诺狂潮，构成了20世纪后期后浪推前浪一片喧嚣的前卫艺术景观。艺术从来没有这么热闹过，艺术也从来没有这么混乱过。一个派系刚刚横扫一切而独领风骚，却又被另一个派系所横扫；一阵大浪刚刚呼啸涌起又被另一次更巨大的海啸所吞没。在一片混乱中理出脉络的惟一办法是抓住观念和形态。观念和形态互为表里，对“何为艺术”所持的观念不同，艺术便外显为不同的形态。

现成品和艺术品没有界限意味着一切人造物都可以被视为艺术品，意味着人人都可以被视为艺术家，意味着艺术的大众化。这一问题我将有另文论述。

但事实又如何呢？事实刚好相反。尽管后现代艺术的

■地景艺术

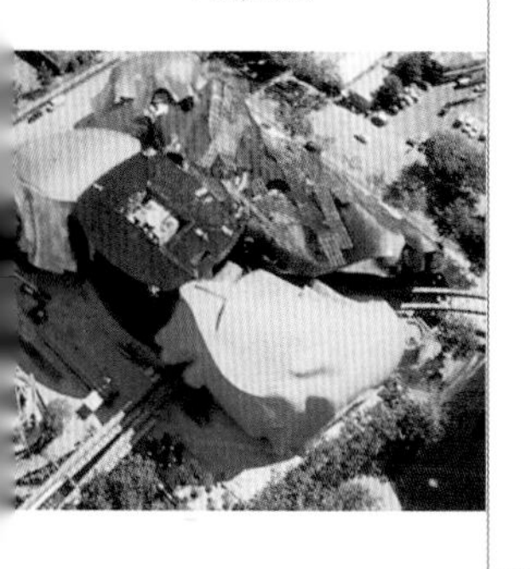

发言人普遍爱谈“一张作品和一瓶香水和一双鞋的价值是一样的”，人人都是艺术家……但杜尚的后代和杜尚一样，较之古典和近现代艺术家们，他们表现出强烈得多的与大众的对立性，表现出强烈得多的高居于下等人头上的贵族化倾向。

是什么力量使大众化变成了大众的对立物？歹徒方式是也！

由于观念更新的可能性在前卫运动中不断耗竭，这种推导新观念、新形态的前卫艺术在世纪之交已成强弩之末。大众日益离它而去，它却要竭力抓住大众，风靡世界的色情的和暴力的黑色旋风，正是它后期挣扎的表征。

历史越向后延伸，杜尚的意义越加显得重要，这使他的歹徒方式也一并升值，歹徒方式成了后现代艺术最时髦的手段。

非架上艺术的大厦，形成了一整套西方式的运行逻辑，这种逻辑已经结成了死结。构成这个死结的基本矛盾，是大众化与反大众不断加剧的反向运动：一面是不断向学院化、经典化挑战而造成的大众化本质内核越来越显露，一面是新奇骇异和歹徒方式造成的与大众对立倾向越来越尖锐；一面是不断解构造成的作品本身日趋严重的表层化、平民化，一面是前卫机会不断减少造成的艺术行为日趋严重的边缘化、贵族化；一面是艺术创作变得越来越人人可为，一面是发展逻辑变得越来越人人难测。

这个死结用西方文化那种严密的逻辑推进的办法解扣儿只能越结越死，倒是东方禅宗顿悟的办法有可能化掉这个死结，办法便是以杜尚当年呵佛骂祖的方式还治其身，对非架上艺术大厦来一次整体性地大众游戏式的嘲弄，以便还原非架上艺术的本来面目——将这种常常令大众莫名其妙、恼火厌恶的艺术还原为大众生活，这同时意味着将非架上艺术彻底消解为生活本身——非日常生活的生活。

现成品和艺术品没有界限还意味着实用产品和艺术产品没有界限，从这个方向寻求现代艺术的出路，必然引发出实用产品设计和艺术创作没有界限的多米诺狂潮。这一狂潮已经率先在服装设计中兴起，并将在21世纪推广到整个设计领域，包括建筑，盖里的建筑作品即其典型一例。

这一狂潮可能出现的理由固然十分复杂，但它最终总要取决于某种带普遍意义、持久意义的社会需求所能调动的艺术热情的程度。这种热情一方面表现在量上——能否调动广大艺术工作者和爱好者的广泛参与；另一方面表现在质上——能否调动更多天才的广泛参与。而要做到这一点，必有一个条件：该领域在艺术上具有巨大的开拓必要性和可能性。在新世纪，显然，设计艺术较之自由艺术在这方面恰恰更具优势，而建筑是其更具优势者。

设计艺术有着广泛开拓的必要性。人类绝对不能接受将自己变成暴发户和机器人，因此，人类越是摆脱物质的贫困便越是产生更高的精神需求。当人类迈向空前发达的后工业文明之后，人类必将以空前解放的艺术眼光重新审视自己的一切物质产品。天空和大地、城市和山川、村镇和田野、建筑和园林、服装和家具、机械和舟车……都将成为人们施展艺术才华的绘画、雕塑和装置。人们不会需要安装着自行车轮的杜尚式的凳子，却的确需要提高包括建筑在内的生活质素。而传统意义的架上、非架上艺术，或成为设计不断提取的造型资源，或成为整体设计中的局部装饰。

设计艺术有着广泛开拓的可能性。如果我们曾经觉得这种开拓的可能性不大，那只是因为我们曾经太贫困了。当建筑还不能满足功能需求时，大谈“雕塑型建筑”显然是一种疯人呓语。处在物质贫困状态下的人类，只能将宗教性、纪念性、观览性以及权利象征性的建筑视为精神产品，从原始时代以来便是如此。然而对于高科技、高物质的人类来说，一切将是另一番景象。当建筑工程变得不再那么困难的时候，人们自然会希望一些建筑或建筑群同时也就是一组精彩的雕塑或装置艺术；当城市建设和城市布局的调整变得不再那么艰巨的时候，人们有理由期待城市规划设计应该是一件艺术杰作。既然高科技能够支持一个拙劣的设计，把拉什莫尔的一座大山变成了的美国四大总统像，那又有什么理由不用这种巨大的物质力量去支持优秀的设计呢?

人类生存的环境越是艺术化，人类便越会用艺术的眼光看待环境；而人类越是用艺术的眼光挑剔环境，人类便越是要用艺术的标准去改造它。这里面存在的一个关键是：如何在创造或改造环境的过程中，体现出新环境对原有的、传统的、地域的、自然的和人文环境的充分尊重。

组亭・弯水・丹陛桥
——建筑配角三例

侯幼彬*

德国大诗人海涅说过："在一切大作家的作品里，根本无所谓配角，每一个人物在他的地位上都是主角"。但实际上，无论在生活里还是艺术中，在某一具体情境中，还是有主角、配角之分的。海涅这句话的用意，是艺术家要让所有的角色都能各尽其能，恰如其分地充分表演。这个意思，正好可以借用来表述中国古代建筑艺术家对于配角的卓越创造。

请看北京景山那五座亭子、紫禁城太和门广场那一弯内金水河和天坛的那条"丹陛桥"甬道。作为小亭、弯水、甬道，在它们所在的那么辉煌、那么巨大的建筑群中，原都是些微不足道的小角色，但在匠师的悉心经营下，它们都"在他的地位上"大显神通，起了重大的作用。

■ 角楼和景山

* 作者：哈尔滨工业大学建筑学院教授。

■景山

景山在紫禁城神武门北，是一座人工堆筑的土山，明称万岁山，于永乐十八年（1420年）与紫禁城宫殿建成的同时筑成，清顺治十二年（1655年）改称景山。万岁山主峰正好压在元大都宫城后宫主殿延春阁的基址上，被视为“大内之镇山”，有压胜前朝、永固大明帝业的用意。山体不大，对称地形成平缓的五峰，东西横长428m，中央主峰高52m。景山为宫城后方添增了一座屏卫，“树木葱郁，鹤鹿成群”，也是宫城御园的延伸。山的主峰恰好坐落在北京内城中心，为都城北京的主轴线增添了立体的分量，构成延绵7.8km的都城轴线的制高点。又与天安门前的外金水河一起，构成了负阴抱阳、背山面水的良好的风水格局。同时，它还是一次出色的土方工程的运筹学运用：将拆毁元大内宫殿和挖掘护城河的土方就近堆叠，节省了运力。

景山五亭是乾隆十六年（1751年）建成的。可以设想，在景山上没有建筑以前，空荡荡地把紫禁城火热的建筑浪潮，一下子冷却到了零点，又因宫城的存在，把都城轴线南北的建筑脉络明显地切成了两截，肯定是大煞风景的。但是，给景山以什么样的建筑，却是摆在规划者面前的一道大难题。

规划者选择了亭。这是理所当然的，因为山体尺度不

大，山峰基地狭窄，不适合建造大体量的殿、阁。即使可以建成，也与宫城内大片同样的殿、阁意象重复，体量也太大——对于宫城来说，它毕竟是配角。所以，在峰峦秀耸、林木郁茂的山林园中，建造一些亭子是妥贴的。但是“亭”这种在建筑舞台上形体不大、性格跳跳蹦蹦不够严肃的角色，怎么能在景山这个特殊重要的场合进行庄重的演出呢?

我们看到了耸立在中峰最高点上的万春亭。在这个处于紫禁城屏卫、都城轴线制高点和内城几何中心的三重显要的位置，在狭窄的山顶基地制约下，它使出了全部可能的招数：尺度是亭中罕见的巨大，正方形平面，面阔、进深均达到五开间，各长17.01m；形制是亭中罕见的尊贵，四角攒尖顶采用了三重檐，上覆最高等级的黄琉璃瓦，加翡翠绿瓦剪边；从上至下，三檐檐下分别施用单昂五踩、重昂五踩和单翘重昂七踩斗栱。可以说万春亭已经把亭的规制潜能发挥到极致了，然而，它似乎仍然不够分量，设计者又出色地给它整整齐齐地陪衬了四座小亭。

这四座小亭，东西对称地耸立在主峰两侧的四个小峰上。内侧东、西各一亭平面都是八角形，直径10.41m，上覆重檐八角攒尖顶，上下檐用翡翠绿琉璃瓦，黄瓦剪边。外侧东、西各一亭为圆形平面，直径7.87m，上覆重檐圆攒尖顶，均覆孔雀蓝琉璃瓦，而以褐瓦剪边。它们分立在不同的标高，可以俯瞰眼前的宫城，眺望四周的都城，充分发挥亭名所示的“观妙”、“辑芳”、“周赏”、“富览”、的观赏作用。万春亭内供奉着毗卢遮那铜像，四小亭也“俱供佛像”，以供奉“五方佛”的尊崇身份，恰当地提高了五亭的地位。

五座亭子不是僵硬地排成一条东西直线，而呈微微向前围合的向心弧形，配合山势，像伸张的双臂拥抱着紫禁城，十分吻合它的屏卫身份。在立体轮廓上，四个配亭两两相对，依次降低、缩小，端正地簇拥着正中的万春亭，变孤单的主亭为丰富的亭组，大大增强了景山的建筑比重，给滞板的山形带来了丰美的天际线，增添了景山的华瞻风韵。从中及边，又以方形、八角形、圆形平面和三重檐四角攒尖、重檐八角攒尖和重檐圆攒尖的亭顶，以及以黄为主到以绿、蓝为主的色彩转换，取得富有音乐韵律感的变化，活跃了景山的面貌。端庄中有活变，丰美中有气概，恰如其分地体现了角色的定位。

■午门、太和门和太和殿

■ 太和殿

紫禁城太和门广场是宫城中轴线上第一座院落，也是宫城主体建筑太和殿广场的前院，地位十分重要。但它并不是高潮，而只是夹在午门广场和太和殿广场两大高潮之间的过渡。午门是紫禁城的正门，建筑规制比皇城正门天安门还高，形象巍峨，体量高大，即使是展露在太和门庭院的背立面，也是个庞然大物。其墩台长达130m，高达14m，加上正楼通高约38m，形成了庞大体量紧逼太和门的态势。处在这样格局中，如何处理好太和门广场，实在是设计上的大难题：作为宫内第一院应有的气概，它必须尽量解除午门背立面对太和门的威压，突出太和门的地位；但作为宫内最大高潮太和殿广场的前奏和铺垫，又不得不

■ 从太和门内望太和殿

■午门背面

适当降调。

设计师们处理得十分得体。他们首先确定了合宜的庭院空间尺度：采用了与太和殿广场同样的宽度，东西约191m，南北深度则明显小于方形的太和殿广场，缩减到130m。这个深度加上午门正楼墩台的进深和太和门门座进深，恰好与太和殿广场的深度相等。这个尺度，既保持了门庭与殿庭总体尺度的有机协调，又取得门庭小于殿庭的恰当变化。做到了尽量拉开午门与太和门的距离，以免太和门被午门背立面逼压，又保持了门庭与殿庭应有的尺度差和形状的变化。同时，对于表现宫城主门庭的宏大气势和良好视角也是很合适的。二是采用了最高等级的屋宇门形制。太和门面阔九间，建筑面积达1300m²，上覆重檐歇山顶，下承高3.14m的汉白玉须弥座台基，恰当地显现出进入紫禁城后第一门的宏大、端庄、凝重。门殿前檐敞开，三樘大门特地后退于后金柱部位，突出了宽阔敞亮的门厅空间，满足了作为“御门听政”的场所需要。三是配置了

■午门背面

合宜的附属建筑，在太和门两侧，安排了昭德、贞度两座掖门作为陪衬，以壮大太和门的气度；在东西两庑，则有协和、熙和两座侧门。这些廊庑和门座的尺度都不大，使用青砖台基，造成庭院空间的疏朗开阔，与午门广场的威严封闭强烈对比。

但是这些处理还不足以充分缓解午门对太和门的逼压，设计者挥洒了神来之笔，让紫禁城的内金水河从门庭横穿而过。河道在庭院中向前弯成弓形，上跨五座石桥，河岸、桥边镶着汉白玉石栏杆。这条弯水和桥组以不起眼的配角起到了至关重要的作用：把统一的院庭空间划为南北两片，平面位置偏南，紧靠午门，体势上又以弓形逼向午门，使太和门前的场面宽舒、宏大，而午门背面则呈场面紧迫、收敛之势，大大缓解了午门对太和门的威逼；呈环抱状的曲线河道和五座石桥的华美形象，也丰富了门庭构图，适当增加了门庭的丰富与活泼，避免与严整、肃穆的太和殿广场气氛雷同，更加吻合门庭的铺垫身份。

内金水河从紫禁城西北角穿入，到东南角流出，兼有救火、鱼池和工程用水等多项功用。河道需要找个地方穿过宫城中轴线，太和门广场正好需要它穿越并让它派上了大用场。

丹陛桥是北京天坛的一条海墁甬道，南接成贞门，通向皇穹宇和圜丘；北过祈谷坛，通向祈年门、祈年殿。天坛占地很大，相当于紫禁城的3.7倍，充满着茂密翠柏，建筑却寥寥无几，坐落在主轴线上只有南部的圜丘和北部的祈年殿两组建筑。它们相距很远，各自独立，势态离散。如何把它们联结成有机的整体、强化天坛主轴线的分量？丹陛桥就是极富创意的设计了。

■太和门广场

丹陛桥实际上是一条长361.3m，宽达29.4m的砖砌高甬道。南端高出地面1m，北端高出4m，加上北端海拔地面原比南端高1.68m，整个甬道标高由南到北上升了4.68m。甬道路面划分为三股，中间为“神道”，左边为皇帝用的“御道”，右边为王公大臣用的“王道”。长长的丹陛桥，以触目的宽度和高度，改变了普通道路的面貌，形成一个巨大的、超长的路台，把两端的建筑联成一体，主轴线由此得以强化；高高的丹陛桥，还大大提升了人的视点，两旁的树丛低了下去，人们在这里可以持续地感受天的辽阔，

■太和门广场

■ 天坛全景

进一步突出了“天”的主题。

祭天是古代最重大的祭祀活动，创造崇天境界的精神功能要求极高，有必要占用超大规模的地盘，而作为祭祀活动所需的坛、殿却数量有限，总体上就存在一个超大的地段环境与有限的建筑用量的矛盾。哲匠们十分明智地采用了“以少总多”的手笔，作为建筑配角的丹陛桥，在这里就起到了重大的、举足轻重的、激活全局的作用。

这三例各有千秋的建筑配角，都是以小材而充大用，表现出中国古代哲匠对建筑配角的珍惜和善用。这些亭、河、桥、道的出现，它们的规格、尺度、形制和体势，是那么得体、妥帖，恰如其分，显不出任何人工刻意做作的痕迹。匠师们深入把握创作对象的复杂微妙关系，紧紧抓住它们的配角身份，赋之以重任，又绝不让它们喧宾夺主，真是化平庸为神奇，又寓神奇于平凡，确实大不易也！王安石说：“看似寻常最奇崛，成如容易却艰辛”，中国优秀的建筑传统，正值得我们细细把玩呢！游人们，请不必匆匆而过，与它们对话吧，您将会获得很多教益！而那些持着凡事都是外国好，中国传统只是包袱，已失去了继承或借鉴价值的论调，应该感到汗颜了。

■成贞门
■从祈年门望祈年殿
■丹陛桥

■ 祈年殿鸟瞰
■ 祈年殿

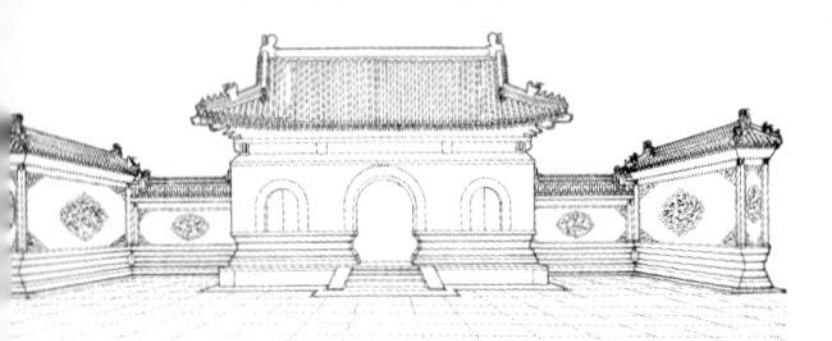

传统建筑环境与民俗杂议

刘大可*

建筑镶嵌在环境中，环境涵蕴着建筑，掺以民俗之化成，乃溶就一团意境，是我中华传统建筑的优秀传承。本篇瞩意于此，略为铺陈，信笔写来，不求系统，以贻同好。

入口环境

古代匠师在运用建筑小品创造虚空间方面十分得心应手。在四合院住宅前面常设置的影壁即是成功的例子。影壁又称罩壁、照壁，无论是“影”、“罩”还是“照”，都道出了它之能“挡”出空间的妙用。设在大门外，与门相对隔街而立的有一字影壁和八字影壁两种，在门前形成了一个与街道穿插的空间环境，成为院落空间序列的前奏。八字影壁的平面呈八字形，更具围合感。八字影壁设在大门两旁的又称“撇山影壁”，显得大门更加庄严，更具礼仪性。进入大门，迎面的影壁或独立设置，或“座”在厢房的山墙上（称“座山影壁”）。院内影壁意在造成一种封闭而静谧的气氛，其立面装饰，更有助于紧凑而华丽的小空间的形成。园林之中也有不囿于固定位置的影壁，以装饰为主，独立性很强，多能构成某一别致景观。

■↑寺庙大门“撇山影壁”
■↓住宅中的影壁
（甘肃临夏马步芳宅）

最能营造礼仪气氛的当属陵墓入口的礼仪性建筑小品，其最宏丽的当然还是皇家陵墓，

* 北京日盛达建筑集团总工程师，高级工程师。

如明清两代诸陵的石牌坊、神道碑亭、华表、石柱、石象生、龙凤门，还有坟堆前的二柱门、石五供等，名目之多超过历代。其中华表、石柱和石象生的“建筑感”最弱，“环境感”却最强。华表起源很早，最早并不用于陵墓，李明仲《营造法式》与北宋诸陵及南京之明孝陵，“俱无石制华表”。石华表用于陵墓，或为北京明长陵首创。而陵前置石柱之俗，则汉代已有，南朝唐宋仍存，明清雕刻更精。石象生则是“秦汉以来，通行已久”，“各代略有增损，初

■左上，石柱（南京六朝陵墓）
■右上，石柱（南京明孝陵）
■下，石牌坊（北京明十三陵）

■上 陵墓神道石象生
■中 陵墓神道龙凤门
(清东陵)
■下左 陵墓方城明楼前的
石五供
■下右 陵墓方城明楼
(北京明长陵)

非一律”，“明清二代陵寝之象生制度，皆遵（明）孝陵遗法”（刘敦桢《明长陵》）。

过街小品

古人常会建造出一个跨路而立的建筑，有意挡住去路，人们必得从中穿过。这在西方也能见到，如巴黎凯旋门和埃菲尔铁塔。它们的“令人难忘”肯定与它们的“通过性”有关，是谓“过而不忘”也。在中国建筑中，这种以“过”立意，过而生趣的妙用也早已被哲匠们悟到，如山西各地村口镇头历代常建有许多过街楼、北京元代居庸关过街塔、明清北京街头更出现了许多过街牌楼等。牌楼在元大都时代即有建造，由明至清京城一带修建的牌楼不下几百座，它们最能区别于其他建筑的特点就是跨路而过，行人必从其间穿行。那些人流量最大的“过街牌楼”，其名气甚至会影响到地名的演变，如东四、西四、东单、西单等，皆由该地建有四座或一座牌楼得名。清人还喜欢在园林的某条路上修建一个“城门”，如北京颐和园、北海、恭王府等处都有这类“城门”。这些“城门”并非要关闭什么，而是为

■北京居庸关“过街塔”（基座）

■北京市宣武区过街楼

了让人体味一下从建筑中“过”一下的乐趣。建筑从街路上跨越，时空在建筑间穿流，人与建筑之间的情感交流，由“过”而感到的快意，这或许就是过街建筑的意匠之所在。至于北京安定门和德胜门之命名，结合“出安定、进德胜”之说，则可以给出征或凯旋的战士一种心理的调节。而元代以来在通衢要道或寺庙入口所建的喇嘛教过街塔(居庸关云台以及北京其他地方和镇江、昆明、拉萨、青海等地，所在多有)，用意于“普令往来皆得顶戴”，而使人们“皈依佛乘，普受法施”，又具有宗教的作用了。

■安徽歙县过街牌坊
■寺庙前的过街牌坊(清《清明上河图》)
■一座宫苑前的过街牌坊(清《清明上河图》)

匾额对联

东、西方和伊斯兰建筑都有利用文字为装饰的做法。但西方和伊斯兰主要是运用字母本身的图案美去装饰建筑，字义比较简单明了，一般没有更深的含义。而中国建筑除了注重文字的书法造型美对建筑环境的美化外，还注重其文学性因素对人的心理造成影响，富有意义且比较含蓄，常有隐喻和典故，使用的范围和数量也大大超过西方，可谓“抬头不见低头见”。如在宅院的影壁、廊门额上往往要刻上“鸿禧”、“迪吉”、“延禧”、“福戬”、“凝鳌”、“撷秀”等字样。民居大门讲究刻门联，最常见的如“忠厚传家久，

■前页 山西平遥过街楼

■牌坊群（安徽歙县）

■北京恭王府花园中的“城”

诗书继世长”，“芝兰君子性，松柏古人心”，“培植心上地，涵养性中天”等。一般铺户大门则常用“生意兴隆通四海，财源茂盛达三江”等祝愿发财的吉利语。营造厂则用“规矩方圆本，曲尺艺业心”等以表示行业特征和承诺。园林建筑的牌匾和“抱柱对子”（楹联）的文学性更强，不乏传世佳句并多有出处。如北京南城陶然亭之“陶然”二字即出自白居易“更待菊黄家酿熟，与君一醉一陶然”诗意；颐和园“鱼藻轩”出自“诗经 · 小雅 · 鱼藻”；颐和园“夕佳楼”出自陶渊明诗句：“山气日夕佳，飞鸟相与还”。楹联一般由文人即兴吟出，如北京静宜园来青轩对联“恐坏云根开地窄，爱好山色放墙低”，颐和园月波楼“一径竹

■故宫乾清宫的匾联
■故宫皇极殿匾联
■北京北海匾联

荫云满地，半帘花影月笼纱”，北海邻山书屋“境因径曲诗情远，山为林稀画嶝开”等，都是很美的诗句。此外在宫殿和庙宇的柱廊，以至山川名胜、园林路旁山石上亦到处可见题刻的景联、景名。诗、词、曲、骈、散一应俱全，不少出自名家之手，或可称之为建筑文学，足令环境生色，土木传情，人心感悟。

碑刻

环境一旦经过历史的洗礼，就会产生超乎寻常的效应。有了这种文化心态的共鸣，残破了也是美，故残垣断碑是可以入画境的。“天然的材料经人的聪明建造，再受时间的洗礼，成为美术与历史地理之和，使它不能不引起赏鉴者一种特殊的性灵的融会，神志的感触”（梁思成、林徽音《平郊建筑杂录》）。石碑就是这种可以触动观赏者神志的环境装饰物。

石碑中又以龟形碑为多，其传说也最为古老神奇，因而也最能产生一种历史的苍茫感。龟形碑宋代称赑屃鳌（bi xi ao）座碑。清代称龙蝠（趺）碑。“赑屃 ”又作“赑屭（bi xi)”、“ 屃 赑 ”。其形状与位置说法有二：一为龙生九

■石碑（南京南朝陵墓）
■北京颐和园石碑

子之说，其位在碑顶。明李东阳《怀麓堂集》“赑屃，平生好文，今碑两旁文龙是其遗像”。宋《营造法式》：“其首为赑屃盘龙，下施鳌座于土衬之外”，显然是赑屃在碑顶，作龙形，鳌在碑下为座；二为来源于龟之说，其位在碑座。明李时珍《本草纲目》：“蠵（xi，一种大海龟）龟，赑屃。赑屃者，有力貌，今碑趺象之”。清代民间相传，以此说法居多。即认为碑顶为盘龙，龟形碑座为赑屃。关于龟形碑座为何物，说法有三：一，赑屃说（见上）；二，霸下说。《怀麓堂集》云：“霸下，平生好负重，今碑座兽是其遗像”；三，鳌说。鳌，俗作“鼇”。古代神话谓渤海之东，不知几亿万里，有无底深谷，中有五山，互不相连，随波上下往还。天帝命禺疆使巨鼇十五，更迭峰首而戴之，五山始峙。楚辞中有句云“鳌戴山抃，何以安之?”即指其事。后人因用鳌戴作为感恩戴德之词，并以鳌为碑座。宋《营造法式》所指赑屃鳌座碑，即是以鳌为其碑座。尽管关于赑屃的来源传说不一，但碑顶雕龙，碑座为龟这一形制早已定型，历代相传，至明清沿袭未变。《明会典》就规定：“五品以上

许用碑龟趺螭（chi，龙）首”。民间视龟为鳖，所以常戏称“王八驮石碑”。相传其寿极长，有“万年龟”之说。此种龟座龙首的碑形是石碑的主流，惟清乾隆不泥古法，追求新奇，创造了一种新形式——方首碑。还有一种有顶的石碑。建筑前若有了石碑，那建筑就显得久远。若石碑倒掉，就更显得饱经沧桑了。

自古文人似乎从未担忧过文思的枯竭，却常常担忧文章难以传世，于是石刻之风渐行，汉、魏以后犹盛。其散乱零落者亦有价值，若成批镌刻，更为后世所重，后人即称其林林而群者为碑林。著名者如北京北海快雪堂及阅古楼三希堂法帖碑林，北京孔庙元明清三代进士题名碑碑林、北京孔庙十三经碑林、北京东岳庙纪事碑林、庐山白鹿洞书院历代名人题字碑林、杭州岳庙岳飞手迹和历代名人凭吊诗章碑林、曲阜孔庙历代纪事碑林、苏州寒山寺历代诗文碑林等，甚至还出现了像西安碑林、宁波明州碑林、镇江焦山碑林这样的独以碑林文化闻名天下的名胜。这些碑林以其历史之久远、工程之浩大、内容之珍贵，书法之精良为历代游客倾慕。可以说，凡为碑林形成的名胜，环境中就洋溢着书卷气。也正是在碑林成为一种建筑现象以后，建筑文化的天地才变得更加广阔。

■北京孔庙碑林

石雕小品

碑刻之外则有石雕小品，也对环境的烘染起着作用。

文化灿烂、技术发达的民族都会有精美的石雕作品产生。具有文人化心态的中国古代都市人，对此尤为偏好，往往把一些石雕当作博古进行收藏，时时把玩，有时简直达到了嗜石如玉的程度。这些藏品经代代相传，掌故史料愈多，文化内涵愈加丰厚，有时比它身边建筑的历史还要久远，比它所在环境经历的变故还要更多。因此，往往转而变成建筑环境的重要组成，甚至成为所在庭院历史文化的主题。

例如街头巷尾看似寻常的物件，亦常牵系历史文脉。如街坊胡同中，房前屋后常置一石，上刻“泰山石敢当”五字。或无镌文者，也叫泰山石或石敢当。颜师古注《急就篇》云：“敢当，言所当无敌也”。《继古丛编》载：“吴民庐舍，遇街衢直冲，必设石人或植片石，镌石敢当以镇之”。此俗唐代已有，据宋王象之《舆地纪胜 · 福建路》载，宋庆历四年，发现唐大历五年的一块石铭，其文曰：“石敢当，镇百鬼，厌灾殃。官吏福，百姓康。风教盛，礼乐张”。至明清两代，演变为嵌砌在外墙上的石块，多位于临街房屋的后墙或街口屋墙转角处，以此保护墙角免受车辆冲撞。寻常的东西有了不寻常的历史，环境中就增添了几分不寻常的气氛。所有这些庭院内外的遗物，无论是否已有识者道出原委，也无论它们是怎样漫不经心地摆放，都同样能让人感慨兴衰，生发思古之情，环境效应也由此而生。

又如北京孔庙大成门内的10枚石鼓，也都给环境增加了趣味。石鼓始出于陕西天兴陈仓之野，唐人谓其为周宣王猎碣，表面刻文为籀篆，秦李斯、唐虞世南、褚遂良、欧阳询等亦不能言其详。韦应物、韩愈曾为之作石鼓歌。唐代起这一批石鼓置于陕西凤翔孔庙，宋运至开封，金移置燕京，元皇庆元年（1312年）时，特将其置放在大都孔庙大成门内。清乾隆时见其残损，将原物收于宫中保存，并特命复制一套，原位摆放。还增设石碑，御笔亲书“环辞神笔”碑额，碑身遍刻草书名家张照所书韩愈石鼓歌。经乾隆皇帝的经营，不但使原有的气氛得以延续，还在环境中续写了清代的历史。有了这十枚石鼓，京都孔庙就比其他孔庙多了几分古妙之趣。“孔门示鼓”，每一个人都能体味到什么是汉学的深不可测。

■北京孔庙石鼓

中国建筑艺术是建筑、人文、自然融于一炉的艺术。古代哲匠们经常会创造出一些文化性很强的小品，使人文

■流杯渠
■流杯亭
（北京恭王府花园）

景观转化成建筑，其中较有代表性的如流杯渠。相传古人每逢三月上旬的巳日（魏以后始定为三月三日）就水滨宴饮，认为可祓除不祥。后人袭此俗引水环曲成渠，水中放置酒杯，任其漂浮，待止，近杯者要饮酒赋诗。王羲之《兰亭集序》："引以为流觞曲水。"《荆楚岁时记》曰："三月三日，士民并出江渚池沼间，为流杯曲水之饮"，流杯渠即仿此意境剜凿而成。宋《营造法式》载有"造流杯石渠之制"和附图。宋代实例目前仅知河南登封崇福宫泛觞亭的流杯渠一处。清代虽已不再"士民并出江渚池沼间"了，但园林中流杯渠的建造却是有增无减。如北京故宫宁寿宫、中南海、恭王府花园、潭柘寺、圆明园中都有建造。这种石刻的小渠至清代多置于亭内，所以渠、亭合一，俗称流杯亭。观渠赏景，凝神遐想，千年人文景观似在跟前。环境，意境，由此流出。

在传统建筑的环境中，还有许多我们无法一一罗列的小品和器物，件件都蕴含着生气，都积淀着厚重的历史文化。这些建筑的"身外之物"，让建筑敞开了襟怀，而融于大文化之中，成为建筑环境中不可或缺的组成。

中国近代建筑

国门口的文化碰撞
——从外销画看广州十三行夷馆建筑

杨宏烈*

100多年前，瑞典商船哥德堡号从广州返回欧洲，沉没在挪威海底。不久前，一艘完全仿照旧船样式重新建造的哥德堡号在昔日的海上强国瑞典又隆重下水了，正在完成最后的组装，并将循着旧路重返中国，预计2004年到达广州，是否要寻找当年“十三行”夷馆的旧影呢？

广州是中国开放最早的通商口岸之一，清乾隆年间外国商人在广州所建的“十三行夷馆”，与同期的北京圆明园西洋楼一起，拉开了中国近代建筑的序幕，以建筑为载体的中西文化在大清帝国门口演绎了一系列交流碰撞的活剧。然而这一颇具规模和影响的建筑组群却三次被火，已摧毁无存，既没有留下模型，也没有像样的照片，所幸有一些外销画——流传海外的绘画尚存，多少可以令今人感受到当年的情景。

■十三行外销画画室

*作者：广州大学建筑与城市规划学院教师。

一、十三行外销画的发展简况

明末清初，从西方传入的以宣传基督教为主要内容的中国早期油画告一段落。康乾时期北方形成一股宫廷画派，南方的广州，由于外贸发达，则兴起了一种以外销为主的商业油画，在鸦片战争前为中国早期油画展示了另一条脉络。

明清两朝，特别是乾隆二十二年（1757年）后只准广州“一口通商”，广州便成了“万商来朝”的国际大港。专供外国商人居住的十三行商馆区，就是外销画的诞生地，随着洋行的盛衰而盛衰。从18世纪中叶到19世纪第一次鸦片战争前后，十三行及其附近有过30余家画室，从业者超过百人。他们利用国画的工笔画法配合欧洲洛可可精描细绘的艺术风格，出品过许多油画，也有水彩、水粉、微形画，至今依然有上千件被英、美、法、加拿大、香港和澳门等博物馆和私人收藏[①]。

西方客商除了在十三行的画室购买现成画作外，亦委托画师为他们绘制，主要内容是风景和风俗题材，或临摹欧洲油画。被记录到的外销画家既有外国人也有中国人，如史贝霖（Spoilum）、甘芬（Camfon）、仆呱（pu qua）、新呱（Cin qua）、钱呱（Chif qua）、齐呱（Chi qua）等。这些古怪的带“呱”的名字，大概是外商将粤语发音的广东人名转成拼音再译成汉语而形成的，呱（qua）应为“官”（quan），有“客官”或“官人”的意思。其中有个“林呱”（Lam qua），至少包含父子两代，其作品如《江边码头》、《广州洋行风景》等，都很受英人青睐。《南海县志》载：画家关作霖曾附海舶遍游欧美各国，喜见油画传神，为适应外销市场需要，成为中国最早赴美欧学习油画的第一人。

美国马萨诸塞州美中贸易博物馆收藏有近400年来有关东西方贸易及文化交流的文物和资料，其中有40幅绘于19世纪30年代以前的树胶水彩画（每幅27.9×36.8）[②]这些中国画家的作品，就是以广东风貌为主要题材的外销画。香港

①其中较著名的博物馆如英国维多利亚与阿尔伯特博物馆、英国国家肖像画廊、布莱顿博物馆、英国海洋博物馆，美国波士顿、费城、夏威夷、艾塞克斯皮博物馆，法国吉美东方艺术博物馆，加拿大渥太华皇家博物馆，以及香港艺术馆和澳门贾梅士博物馆。

■ 19世纪广州十三行商馆（藏香港艺术馆）

艺术馆保存有一个漂亮的绣花画套，上绣“咸丰肆年梅月写，关联昌庭瓜承办，大清朝粤东省城同文街右便第壹拾陆间，洋装多样油牙纸山水人物翎毛花卉墨稿画”字样，商业味包装甚浓。

广州外销画前后发展近百年，它所描绘的十三行风光，无疑反映了中西早期建筑文化交流的一些情况。

二、外销画带动建筑文化交流

早在1757年，曾经到过广州、以后成为英国皇家总建筑师的苏格兰人钱伯斯（Chambers）写了一本名为《中国房屋、家具、衣服、机械和用具设计》的书，里面很多插图，是他在广州画了许多速写，搜集了很多素材绘成的，反映了西方人对中国建筑文化的关注。18世纪摄影术还没有出现，商人常请画家在航线沿途写生制图，为详尽的航海图作资料。如英国有名的海景画家威廉、丹尼尔叔侄二

②见梁光泽：《早期油画的分期和发展脉络》，《岭南文史》，2000年，第1期，第42～43页。40幅藏画资料见张嘉析译《中国易市——广州的工艺行》。

人在1785年和1793年两次随商船队来到广州，也留下不少油画和素描。其中最著名的一幅《广州商馆早期风貌》（现藏香港艺术馆），画的就是广州西堤一带的洋行景象③。

从画中可看到当年的西堤似比今日更为热闹。画者大致位于珠江河南今大基头附近，江面宽阔，遥望江北一排西式建筑，色彩明快突出，成为全画的焦点，就是洋行。万商云集，桅杆如林。江面上最惹人注目的“大眼鸡”船，又称“红头船”，是近代岭南的主要货运船舶。红头船两旁还有“花艇”，供有钱人宴饮、狎妓游乐。“蛋家艇”可提供其他各式服务。有一艘似乎挂着英国旗的欧式斜桁纵帆小船正扯帆驶向白鹅潭。许多外销画常从江面上或河南岸对十三行取景，也有一些从夷馆上方俯瞰珠江。屈大均《广州竹枝词》云“洋船争出是官商，十字门开向二洋。五丝八丝广缎好，银钱堆满十三行”。这些画可为此写照。

大英图书馆馆藏的一份资料说，1838年伦敦曾展出过一幅广州全景画，编号0100057，目录册封面对此画的介绍为：“描绘广州珠江邻近乡村地貌的全景画，现正在利赛斯特广场展出”，作者是英国全景画家罗伯特·西福特。据说这幅画是在广州画家通呱的画作的基础上画成的。这位通呱有好几幅作品细致描绘了由广州十三行商馆到珠江口及

■画家约翰·纽荷夫笔下的“广州远眺”

③梁光泽：《老广州十三行》，广州日报，窥今鉴古专栏2000年1月～12月。

澳门沿途的代表景物。其中一幅现存香港艺术馆。罗·西福特在完成广州全景画后，还分别在1840年与1843年完成了澳门全景画和香港全景画。另在英国还收藏有不少描写珠江风貌的绢本水彩画，无疑也都是英国画家描绘广州全景画的蓝本。

1997年，香港市政局与美国布博迪艾塞克斯博物馆联合举办“珠江风貌：澳门、广州及香港展”，在港、美两地展出，陈列清代由广州等处出口的货品，如象牙制品、漆品、银器、瓷器、绘画等，其中反映广州风貌的共40多件，与十三行有直接关系的占30件，大部分是以十三行建筑为题材的器物装饰，也有主题风景画④。

三、外销画中的十三行夷馆概貌

“十三行”是长期闭关锁国、重农抑商的清政府实行不完全开放政策的产物，是半官半商对外贸易的垄断机构，包括十三行商馆（夷馆）、“洋行”（洋货行）、“行会”、“公行”，以及仓库、码头、税口房、船厂、服务街巷、行主住

④ 梁光泽：《老广州十三行》，广州日报，窥今鉴古专栏2000年1月～12月。

宅区及其花园，还有外商游览活动区、外国人墓地等。

“十三行”最有影响的建筑当属十三夷馆，类似于现在的领事馆，位于广州西关沿珠江北岸。首先租建商馆的是英国人（1714年），接着是法国（1728年）、荷兰（1729年）、丹麦（1731年）和瑞典（1732年）。后来西班牙、奥地利、美国、俄罗斯、瑞士等也相继建立，总称“十三馆”、“十三商馆”“十三夷馆”或“十三行”。各商馆以南至珠江之间常有广场，竖起租赁国国旗。这些商馆的样式，至少可知在1748年第一次大火后重建的已多为半西式，部分为西式，如阳台栏杆，壁柱及柱廊上典雅的三角形屋顶等。夷馆建筑色彩多为碧色，“沙面笙歌喧昼夜，洋楼金碧耀丹青”（袁枚《留别香亭》），故又常称为“碧楼”，盖因洋人好碧，“其制皆以连房广厦，蔽日透月为工”（李斗《扬州画舫录》）。碧色建筑与古老的广州城形成鲜明的对照。

1822年十三行第二次被火，据说熔化的银钱流淌一二里。不久又由外商重建。各商馆用地深30m，面阔28m，其南另有洋商填平珠江浅水区形成的运动场和花园，随各国而形式不同。河边为小码头，总岸线长300多米。这些花园除了环境效益，还有广告效益。

中国的西洋式建筑早在明代已出现在澳门，“窗大如户”，后又传入广州。至十三行第二次重新建筑时开始引入阳台，由少而多，由多而成“券廊式”，即常称的“殖民式”——英国古典主义的变种，经印度、东南亚适应其气候加以演变而成。帕拉第奥主义、新古典主义

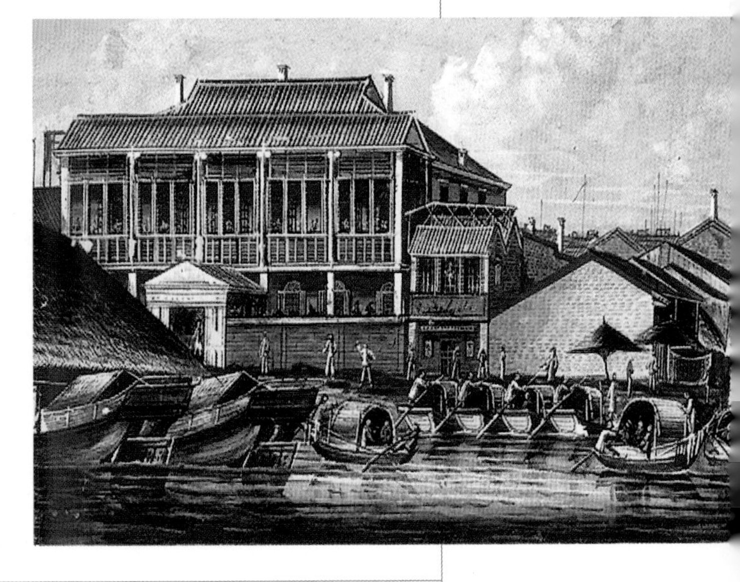

■ 19世纪广州新商馆区一隅（庭呱绘，藏香港艺术馆）

也陆续影响到十三行。从不同时期的画面中可略窥到当时某些商馆的建筑风格（附表）。

从一张外销画上还可以见画面近中心处有一座立有钟塔的小教堂，与现今遗存在沙面的圣公会教堂十分相像，无疑是为满足外商宗教生活的需要而建。

夷馆若为3层，顶层为外商卧室，二层为客厅和饭厅，底层是账房、买办室、助理和仆役的房间、仓库、储藏室及银库。银库有坚固的石墙壁和坚厚的铁门，库前空地上备有天平和砝码。此外，还有图书室和健身房。

附表：外销画中所见夷馆建筑特色历时演变情况（据日本田代辉久）

夷馆名称	历史演变
新英国馆 (New England)	1750年，一个柱距阳台 1760年，三个柱距阳台 1833年，3层 1842年，独立柱，3层均为阳台
丰太馆 (Fung-tai)	有中式外廊 1807年，同旧英国馆 1842年，4层，有角石
旧英国馆 (Old England)	1750年，一层窗拱帕拉第奥主义 1815年，大拱形开口，人字形山尖 1842年，3层
帝国馆 (Imperial Factory)	1750年，同瑞典馆，二层拱间设柱，有外廊 1842年，独立支柱，外廊3层
美国馆 (American Factory)	1784年，外廊中西折中 1820年，西洋新古典主义 1842年，3层
万源行 (Ming Qua's Factory)	1795年，西式阳台，二层拱窗
西班牙馆 (Spanish Factory)	1800年，中国式 1808年，西洋新古典主义，2层
丹麦馆 (Danish Factory)	1795年，西洋式帕拉第奥主义，三层有阳台

■ 商馆前有个小教堂(1855年)

1856年十三行第三次被大火烧毁，现在的沙面是这次大火以后的“夷馆后身”，原来的“夷馆”已经为外国领事馆取代了。

“十三行”东西排列成街，两头设关门，其内尚有许多小商店组成的南北向商业街，专为外国人服务，如什杂货店、兑换铺、钱庄、刺绣店、茶行、酒店、茶楼、丝绸店、染料店、鞋帽店、伞店、服装店、蜡烛店、木雕店、铜锡器皿店、灯笼店、竹藤器店、绳店、画室、钟表店等。1822年计有数千家店面。《乾隆四十二年行商上广东巡抚禀

■十三行清远街入口

■19世纪十三行同文街（设色石版，拉维涅绘）

■火烧洋馆（1842年）

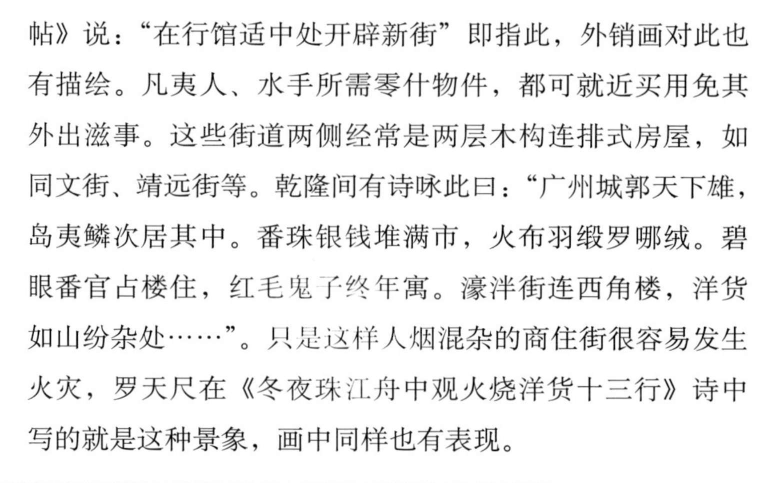

帖》说：“在行馆适中处开辟新街”即指此，外销画对此也有描绘。凡夷人、水手所需零什物件，都可就近买用免其外出滋事。这些街道两侧经常是两层木构连排式房屋，如同文街、靖远街等。乾隆间有诗咏此曰：“广州城郭天下雄，岛夷鳞次居其中。番珠银钱堆满市，火布羽缎罗哪绒。碧眼番官占楼住，红毛鬼子终年寓。濠泮街连西角楼，洋货如山纷杂处……”。只是这样人烟混杂的商住街很容易发生火灾，罗天尺在《冬夜珠江舟中观火烧洋货十三行》诗中写的就是这种景象，画中同样也有表现。

同文街遗址至今仍存，在十三行街以南，其他街巷多在其北，今保留有众多的遗址地名，如豆栏街、靖远街、怡和大街、打石街、宝顺街等，还有某些老商家的招牌名号，依稀透露出当年的繁荣景象。

十三行的仓库多设在沙面和珠江南岸。美国人亨特在《旧中国杂记》中说："有几家行号在江对岸的河南还有巨大的货仓或栈房，里面存放着大量来自印度的原棉，来自英、美以及马六甲的毛、棉织品，还有大米、胡椒、槟榔、藤、锡等等"。总商诰官因战火损失了在沙面的几间大货仓，价值75～80万元。有一幅当时的照片记录了货物在河南打包搬运装卸的情景。

河南也有属于洋行的作坊，制造瓷器、彩画等工艺品，同内地联系协作，销售海外。美国皮博迪·艾塞克斯博物馆收藏了一个18世纪广州出口的酒碗，绘有十三行商馆图，就是这种作坊的出品，是外国人定做的。嘉庆七年（1802年）美国"迅速号"（Dispatch）来到中国，就曾定购用"西洋画"画法画上宾夕法尼亚医院的瓷器，其透视关系，质感都有很好的表现。西方绘画通过广州十三行流传到景德镇，或西方画家从广州十三行进入景德镇也不乏其事其人[5]。西式建筑也因十三行的房屋"结构与洋画同"流传到

■河南岸十三行仓库区（1856年）

⑤朱培初编著：《明清陶瓷和世界文化的交流》，第185页。

■瓷器上的商馆图
■连房广厦 大窗大户

内地各省亦是不争的事实，如扬州亦“效其制”。李斗《扬州画舫录》介绍了十三行建筑的特色，对扬州的近代建筑也会造成一定的影响。

关于十三行夷馆室内设计情况，画纸倒是反映不多，但道光间沈慕琴的《登西洋鬼子楼》长诗，对洋楼的格局和陈设，作了比较细致的描述：“危楼杰阁高切云，砺墙粉白横雕甍。钩栏高下涂净绿，铜枢衔门屈戌平。踏梯登楼豁望眼，网户宏敞涵虚明。复帐高卷红靺鞨，科苏斗大悬朱缨。华灯四照铜盘腻，虬枝蜷曲蚖膏盛。丈余大镜嵌四壁，举头笑客来相迎。毾㲪布地钉贴妥，天昊紫风交纵横，佉卢小字愧迷目，珠丝蚕尾纷殊形。鹅毛管小制不律，琉璃椀大争晶莹。器物诡异何足数，波斯市上嗟相惊”（《小匏庵诗话》）⑥。形容了白墙、绿栏、铜门环、玻璃窗、布帘、挂饰、吊灯、镜面装修、地毯、画着壁画的天花等等，可知与中式传统风格大有不同。

⑥陈坚红：《岁月悠悠西关情》，《广州西关文化研究会文选》 广州.广东省地图出版社，1998年4月。

文物保护与旅游

张广善*

文物的价值是客观的，不同类型的文物，是人们了解认识不同历史阶段人类活动和社会发展的主要见证。比如晋城沁水的下川文化遗址就反映了人类从旧石器时代向新石器时代过渡时期的生产关系、社会生活和自然环境状况，因而被列为重要文化遗址、省级文物保护单位。

文物的不可再生性更进一步提高了文物的价值，就拿晋城开化寺的宋代壁画来说，从当时的绘画思想、它所反映的人文环境，到它的技法以至颜料的制作，无论如何，在现代都是永远不能再现的。文物之不可再生，决定了现存历史文物的数量只能是负增长。随着社会的发展，时光的流逝，不断减少的历史文物为未来的历史和文物研究提出了一个严峻的问题，那就是如何把现有的文物保护好并留传下去。

旅游，即通过旅行来达到游览的目的，其核心概念就是“经历”，也即旅游者通过旅游过程对旅游目的地的事物或事件的直接观察或参与而体验的“经历”。旅游的第一要素是旅游吸引物，通俗地讲，就是旅游景点。它通常分为两大类：一种是自然吸引物，一种是人文吸引物，前者属于大自然的恩赐，后者则是人类的创造。

人文吸引物也可分为两类：一类是现代人为吸引游客而专门制作的景点，如各类公园、影视城、海洋大世界、迪斯尼乐园等；另一类则是先人们留下的历史遗迹，以历史的辉煌吸引游客，也就是我们所说的文物。其不可移动者散落在田野山川、闹市僻壤，可移动者则被收藏于各类博

作者：山西晋城市博物馆馆长，副研究馆员。
本文转载自晋城市政协主办之《政协论坛》2002年第1期，转载时有所删减。

■晋城开化寺宋代壁画

物馆。它们在旅游吸引物中占有极其重要的地位，常常被旅游者簇拥着，被贪婪者窥视着，受到无意或有意的损害。

而旅游是一种产业，以营利为目标，这种利润的追求却又在颇大程度上建立在文物的基础上，所以，文物保护与旅游资源开发是一对既对立又统一的组合体。如何正确处理两者之间的关系，促进双赢局面的出现，是摆在我们面前的一个不得不回答的紧迫任务。

这里我想特别强调旅游的“承载力”问题。

承载力一词的含义是某一特定空间或区域的接纳、包容能力。在旅游学上往往简单地定义为某一旅游区所能接纳的最大游客量，根据此旅游区各组成要素的状况和大小，有一套计算公式。旅游学家认为，“在没有产生不可接受的物质环境影响下，在没有明显降低游客旅游经历质量的前提下，能使用某一旅游区的最大游客量”，即为这一旅游吸引物的最大承载力。

遗憾的是旅游学家的这个一般的定义却不能适应文物这一特殊的旅游吸引物。文物尽管对旅游者有很大吸引力，但由于它的珍贵并往往容易损坏，它的存在价值更多地是作为历史的见证，供历史学家、考古学家进行研究，而以保护为第一要义。如何把它原汁原味地保存下来，交给以后更多的专家学者，对其进行更深入的研究，让更多的人去了解它们，才是最重要的。作为旅游吸引物，只是对其价值的一种简单再利用，所以，必须首先强调的是不使文物受到损害，而普通旅游者的经历质量只能是第二位的。

我们强调保护文物，并不是完全排斥利用文物来发展旅游，而是要正确地确定文物这一特殊旅游吸引物的最大承载力，区别对待。2001年9月在山西晋城召开的“中国文物学会传统建筑园林委员会第十四届学术研讨会”上，有关专家专门研究了这个问题。我觉得，中国艺术研究院研究员萧默先生的意见很值得考虑。他主张，与发展旅游相适应，可以将文物分为三类。一类是不可对普通游客开放的；一类是可以开放，但不鼓励大量游客进入的；还有一类是作为普通旅游吸引物，可以大力推入旅游市场的。尽管萧先生没有提到承载力三个字，但我能感觉到，他所做的分类就是以文物的旅游承载力为依据的。他以晋城不可移动的文物为例作了说明：第一类如开化寺宋代壁画，第二类如玉皇庙二十八宿彩塑，第三类如皇城村的午亭山庄。从他的分类可以看出，价值极高、存有量极少、维护难度极大的开化寺壁画是不可对游客开放的，因为该文物极其脆弱，稍有触动就可能造成不可估量的损失。而同样是文物保护单位的午亭山村，萧先生则认为可以正常推出，这是因为该文物的规模和存有量较大，维护难度较小，又存在不少重建部分，即使在旅游过程中遭到损坏，损失也不会太大，而且可以恢复。

利用文物发展旅游是否可行？前不久，在太原召开的

■晋城开化寺宋代壁画

■晋城开化寺宋代壁画

山西文物工作会议上，国家文物局局长张文彬对这一问题作了回答，那就是“资源共享，协调发展”。

利用文物发展旅游，已经成为我们大家的共识。在2001年地市级机构改革中，省委、省政府推出了“文物旅游局”这样一种机构组合，用组织形式把文物保护与旅游发展捆绑到了一起。但表面上看问题是解决了，实际上还没有从思想上彻底解决。

我认为，以文物为吸引物促进旅游的发展，文物仍然是第一位的。没有了文物，利用文物发展旅游也就成了空话。因此，保护文物是发展旅游的首要条件。

现代旅游又称环保旅游或绿色旅游，强调把开发与保护融合成一种持续的永久合作关系，保证资源消耗的最小化，达到子孙后代的长久使用。这一点与我们所谈的文物保护的精神基本一致，为文物保护与旅游发展找到了一个结合点，使之有了一个统一的工作基础。

■晋城玉皇庙

保护文物有利于旅游发展，进而推动经济的发展。经济发展了，保护

■晋城玉皇庙彩塑

文物的经济基础增强了，就更有利于文物的保护。这种良性的循环方式是必须建立和维护的，这是保护文物与发展旅游的基本环境和加力器。

其实，旅游发展也可以调动人们保护文物的积极性，皇城现象就很值得研究。皇城旅游的起步是为了经济上的可持续发展。经过调查后，皇城村领导和群众把工作的切入点放到了文物建筑的修缮上，投入巨资修复古城堡。在这个过程中，他们的文物保护意识也越来越浓，知道了原汁原味保护文物的重要意义，知道了如何整旧如旧，知道了文保单位的品牌效益，可以说是接受了一次系统的文物保护教育。尽管皇城开发的自发初衷并不主要在保护文物，但效果却是显而易见的。目前，皇城的文物得到了有效保护，旅游也获得了可观效益，出现了一个双赢的局面。

皇城现象的典范作用是不可否认的。目前，在阳城县北留镇，也出现了一个修缮文物发展旅游的大环境。多年不能实现的海会寺维修工作展开了，难度极大的郭峪城修缮也开工了。农民用自己的积蓄来维修文物，利用文物的吸引力发展旅游，利用旅游业的服务型经济改变原有的煤铁业资源型经济，从而取得了保护文物、发展旅游、调整产业结构的良好效果。

但利用文物发展旅游只适用于可推入旅游市场的文物类型，不能一哄而上。我们的要求是在全面摸底的情况下，给所有可用作旅游吸引物的文物作一个承载力定位，并根据这个定位来确定它进入或不进入旅游市场的办法，从而达到保护文物与发展旅游的和谐共进。决不可减少程序，更不能省略不做。

与发展旅游的问题相关，小城镇建设中文物建筑的保护也十分重要并日益突出。以晋城市为例，由于明清两代商业经济发达，晋城特有的煤炭资源所带来的经济繁荣，在晋城市范围内留下了许多建筑宏伟、规模宏大的老集镇，

■晋城皇城村午亭山庄

如米山镇、大阳镇、周村镇、润城镇、端氏镇、礼义镇，和一批古老的村落，如长平村、冶底村、上庄村、中庄村、下庄村、窦庄村、郭壁村。此外，还形成了一片片的古民居群，如侯庄的老南院、安阳的潘家院、屯城的张宅等。它们虽然没有被列入文物保护单位，但它们的价值有越来越被看重的趋势。

苏州周边的周庄、同里、乌镇、西塘是一批发现不久的古村镇，也正在进入各级文物保护单位名单，周庄已在进军世界文化遗产名单，同时，它们也成为人们观光旅游的新热点。笔者注意了一下，今年10月1日的黄金周，在全国旅游热点中，周庄是最热的一处，它的旅客涌入量是全

国第一位的。

在我国有“文物保护单位”、“历史文化名城”等统一的文物定位规范，但对村镇则没有具体的规定，这就为这些村镇的保护留下了隐患。在这个问题上，可以借鉴上海市的做法。早在1991年3月，上海市就公布了一批历史文化名镇，还在中心城区划定了一批历史文化风貌保护区，使上海市的古集镇、古建筑群有了一个名正言顺的保护环境。

总之，文物保护和旅游的协调发展，是我们必须面对的急迫问题。

印度巴洛克
——印度教建筑

刘楚阳

笈多时代（公元320—600年）的印度，佛教和佛教建筑仍十分兴盛，同时也是新婆罗门教即印度教崛起的时代。印度教三大神为梵天（Brahma，梵本意是清静、寂静，指宇宙的终极本体）、湿婆（siva，创造与毁灭即生殖与破坏之神）和毗湿奴（vishnu，保护之神），其中湿婆与毗湿奴的信徒更多。7世纪以后，佛教衰落，印度教无论在北方还是南方，都居于印度各宗教之首位，7至13世纪是印度教艺术的全盛时期。

印度教神庙一般都以圣所（密室）和圣所上高耸的高塔（梵文称悉卡罗）为中心。圣所的梵文原意为子宫，意为宇宙的胚胎，内部正中置湿婆的象征石刻“林迦”（男根）或林迦与优尼（女阴）的结合。悉卡罗义为山峰，象征宇宙之山和湿婆居住的北方神山凯拉萨。在圣所前有柱廊或列柱大厅，为信徒聚会之所。初期印度教神庙很简单，只有一间方形平顶的圣所和前面的柱廊（如桑奇第17号祠）。中期变得复杂，神庙建在方形台基之上，圣所上耸起悉卡罗，内部增加了右绕回廊。后期更加完备，悉卡罗特高，是印度教神庙最显著的标志，使圣所在内容和形式上都居于主殿的地位。印度教神庙追求强烈的轮廓对比和动态、空间的变化、巨大的体量和繁细豪华的装饰。

印度教神庙有岩凿庙和石砌庙两种，风格上有南方式（达罗毗荼式）、中部式（德干式）和北方式（雅利安式）三种。南方式的悉卡罗呈阶梯状角锥形，中部式介于南方

式和北方式之间而更接近南方式，北方式的悉卡罗呈高耸的玉米或竹笋状，又有东部的奥里萨和中部的卡朱拉荷两个亚种。

印度人天生有一种爱好繁细装饰的作风，早在公元前2世纪巽伽王朝时即已完成现存最早最完整的佛教建筑桑奇大塔的四个塔门，多半出自当地象牙雕刻师之手，就布满了精细繁丽的浮雕，总效果好似放大了的牙雕，充填式构图几乎不留一点空地。印度教神庙更是乐此不疲，在几乎全部建筑表面上，都堆满了特别繁琐的浮雕或高浮雕装饰，越到后期雕饰越高，甚至成为圆雕，称为印度巴洛克。这种作风，可以南印度马都拉的米娜克西神庙和北印度卡朱拉荷的康达立耶·玛哈迪瓦庙为代表。

米娜克西神庙建于17世纪，是南印度神庙最后的巨构。据说米娜克西是潘地亚族的一位公主，她爱上了湿婆神，被封为神妃，这座神庙就是为纪念她而建的。神庙由高墙围起，四门各有一座大塔门，即门上高耸巨塔。全庙规模巨大，平面为265m × 250m，主要建筑包括中轴线上的湿婆主殿和米娜克西殿，还有千柱殿和金百合池以及包括前述4座在内的全庙多达11座高达四五十米的巨大门塔等建筑。大庙建筑密度很大，空地较少。在大大高于主殿的门塔表面，不留余地地布满了密密麻麻眉目不清的灰泥圆雕塑像，涂以彩色，穷极鲜丽俗艳。庙内千柱殿的列柱装饰也精细繁缛，动态强烈。马都拉还有一些印度教神庙，也都是同样的格调。

卡朱拉荷原有印度教和契那教神庙85座，现仅存20余座，多建于公元950—1050年。它们的形制基本上一样，由门廊、过厅、会堂和带有右旋回廊的主殿（圣所）组成，各建筑呈双十字形前后串连。有的没有过厅，平面即为单十字。全座神庙坐落在高台基上，没有围墙。在主殿的悉卡罗即主塔周围簇拥着层层叠叠类似主塔的多个浮雕式小

■ 北印度奥里萨邦印度教神庙

■南印度马都拉寺米纳克西神庙塔门

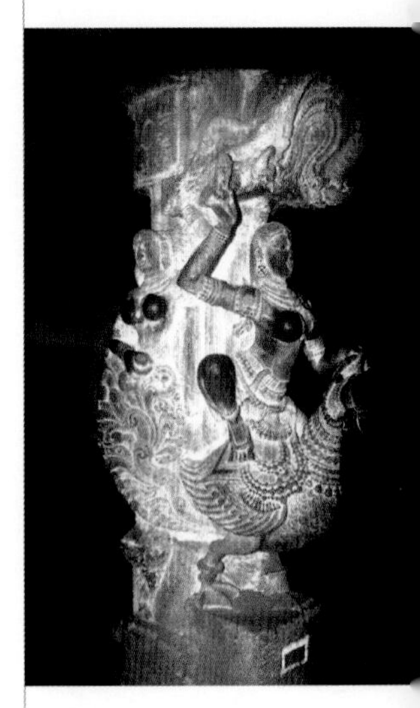

■ 米娜克西神庙塔门上的雕饰
■ 米娜克西神庙千柱殿的石柱
■ 米娜克西神庙千柱殿的石柱

■马都拉市孔达拉神庙
■孔达拉神庙雕饰

塔。前方诸建筑的角锥形屋顶越接近主塔越高，全部轮廓变化剧烈，如波浪起伏，推向主塔的高潮，有很强的动势。在建筑的表面，不是密接的横线或竖线，就是纠结着的难以数计的繁缛的人体雕刻。雕刻以其露骨的性描写著称，也是动态强烈，变形夸张，豪华而繁缛，表现信徒与神相爱。卡朱拉荷出土的著名雕刻“情书”，是印度艺术的杰作。但少女所写的情书不是寄往人间，而是寄给神灵的。康达立耶·玛哈迪瓦庙是卡朱拉荷印度教神庙的代表作，建于1025—1050年。主殿大塔高达30.5m。

■孔达拉神庙石柱

《宋高僧传·含光传》在谈到华文和梵文的文风时说：“秦人（中国人）好略，天竺好繁”。中国人的文风的确是简炼而韵味悠长，印度的文风则的确是繁琐至极。印度佛教的精密推理和繁琐的逻辑论证已令人足畏，印度教更有甚之，它的神祇据说总数可达三亿三千万个之多，单是给这些神祇命名就是一件令人难以想像的事。设若两秒钟念一个神名，不吃不喝一口气不停地念下去，也要花上整整20年时间还多。如果实行八小时工作制，更得费上60年。这在平均年龄只有30岁的古代印度，就是整整两辈子了。其实印度的好繁并不止于文风，以上的例子就是它在建筑艺术上的表现。日本学者也说过印度人有一种天生的“害怕”空白的心理，总要在本来的空白上加上许多东西。

■卡朱拉荷出土雕刻“情书”

对于造成这种现象的原因，以个人的有限见闻和缺乏研究，实难加以解释，只是感到它不能只囿在如建筑艺术或文风等各别的文化现象本身去寻求，应该是由其文化整体的更深刻的基因力量所造成。王镛先生在《世界美术史》中据季羡林先生的观点认为，在这种好繁的作风下面，蕴藏着印度古人深层的生殖崇拜的繁殖观念，就很富启发性。这种观念源于古老的农耕文化，其远源甚至可追溯到公元前2500年到前1500年的达罗毗荼人印度河文明。从出土物判断，这一文明的宗教和艺术都带有强烈的以生殖崇拜为

北印度卡朱拉荷的康达立耶·玛哈迪瓦神庙

■康达立耶·玛哈迪瓦神庙雕饰

中心的农耕文化特色，例如母神雕像，借助于女性的生殖机能寄托农业丰收的愿望。较后，由游牧的雅利安人建立的恒河文明原是一种以自然崇拜为中心的游牧文化，在恒河文明与根深蒂固的印度河文明的融合过程中，逐渐孕育出后世特有的印度文化形态。这一时期出现的婆罗门教的崇拜对象，就既包括了自然崇拜的吠陀诸神，也包括了达罗毗荼人的生殖崇拜基因。

对作物丰收的期望，对人的神秘性力的迷惑和把性力与作物的茂盛联系起来的朴素观念，可能还有热带环境的丰富多彩和生活的多变，使古印度人特别崇尚生命活力，追求繁茂、变动不居、神秘、奇特、夸张和激动，正是印度艺术的深层基因。

由此我们可以领会，建筑史的研究绝不仅只是有关建筑形制的描述与罗列，只有与产生这种建筑的整体文化背景联系起来，才有望得到差强的理解。

顺便可以提到，公元7世纪以后在印度东北部流行的怛多罗（符咒）信仰，也源于达罗毗荼生殖崇拜传统，崇拜湿婆及其女性生殖性力。怛多罗加速了佛教的密教化，也促使北方印度教更加走向神秘。根据怛多罗哲学，体验到宇宙的对立原则，就可以达到极致的欢乐，这种欢乐除了人间的男女之欢以外是难以与之比拟的。因此，极端神秘抽象的宗教内容，就采取了十分世俗化的以至露骨色情的艺术表现形式。纵欲和苦行两个极端并存，代表矛盾的人生。在北方印度教神庙上附着的大量性爱雕刻，就是这种神秘性力的具象表现。

■康达立耶·玛哈迪瓦庙雕饰细部

面向东方的召唤
——印度最早的伊斯兰建筑库窝特大寺和库特卜大塔

刘楚阳

公元1195年，一直虔信印度教和契那教的印度人，带着十分的无奈，拆除了德里27座古老的印度教和契那教神庙，用拆下来的石料，开始建造一座他们并不熟悉更谈不上喜欢的建筑—库窝特乌尔大寺（quwat-ul-islam-masque）和寺内的库特卜大塔（Kutub Towel）。35年以后建成，是印度第一座伊斯兰建筑。

依仗着良好的气候、肥沃的良田和心思灵巧的人民，早从公元前15世纪开始，富庶的印度就曾经不断遭到来自

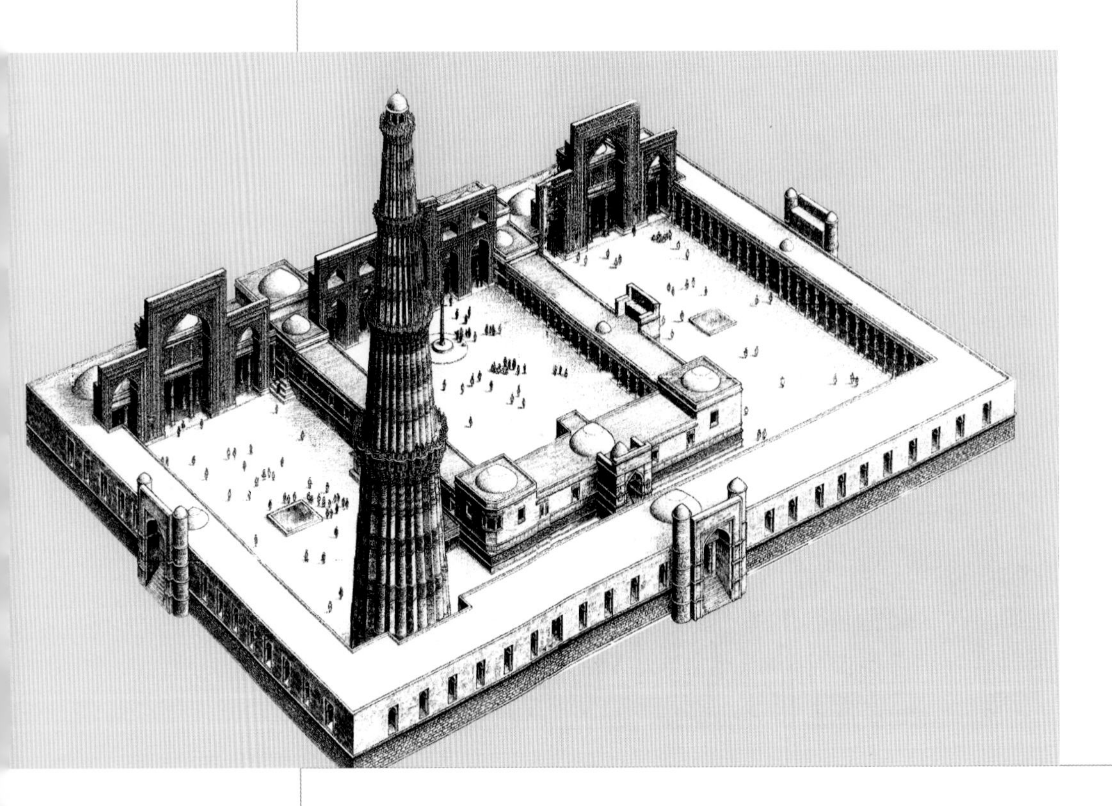

■ 库窝特乌尔大寺复原图

西北相对来说可称为蛮荒之地的外族——居住在里海和俄罗斯南部的雅利安人、大流士皇帝率领的波斯人、远自马其顿的希腊人、还有阿富汗北部的大夏人（大月氏）的入侵。但这些入侵者最后都融入了古印度文化之中，自身也成了印度人的组成部分了，信仰印度教、佛教和契那教。到了10世纪下半叶，又有一支全新的文化侵入印度，仍然来自西北，这就是与多神教的印度传统宗教完全不同的伊斯兰教。它与前几次入侵的文化的很大不同是这种文化很难被同化。事实上，早在8世纪，信仰伊斯兰教的阿拉伯人就占领了信德和木尔坦（今巴基斯坦），只是由于他们还不够强大，没有进入印度腹地。公元962年，同样信奉伊斯兰教而以突厥人为主的迦兹那王朝（962—1186年）在阿富汗和伊朗兴起，麦哈茂德王率领大军大举东进入侵印度。幸而麦哈茂德在1030年死于肺病，才暂时停止了入侵的步伐。又过了100年，12世纪前期，一直安静生活在波斯山地的古尔人开始积聚力量，大量购买勇敢善战的突厥人奴隶组成军队，向已经衰落的迦兹那王朝挑战并代替了它的地位，建立古尔王朝(1148—1206年)。这个信奉伊斯兰教逊尼派的波斯人和突厥人的混合体向东横扫，不但占领了什叶派阿拉伯人控制的布尔坦和信德，并继续东进攻克旁遮普。在德里以北约100公里的特拉伊平原，以穆仪兹·阿尔丁——古尔王朝最高统治者吉亚斯·阿尔丁的弟弟为统帅的大军，虽然被德里国王率领的印度拉其普特战士打败，却不甘罢手。次年，穆仪兹又组成了一支12000人的大军，以迅捷的骑兵和神勇的弓箭手为主，最终击败了拉其普特人。拉其普特人是生活在印度西北的土著人，史料记载他们的祖先曾经包括5世纪时迁入当地的匈奴人，勇狠好斗，尤其酷爱近战肉搏。但古尔人如蝗似雨般的利箭根本容不得他们近身。印度的象兵看起来十分威武，却行动迟缓，容易受惊的大象在战斗中往往不是踩死敌人而是自己人，显然也不是机动灵活的骑兵的对手。在特拉伊取得了历史性胜利扫清了通向德里的道路以后，穆仪兹命令他的亲信、出身奴隶的突厥人顾特卜率领古尔大军继续进军，终于攻占了德里，建立了印度第一个正式的伊斯兰政权。

德里在印度北部偏西恒河和朱木拿河交汇处附近，是通向广大的印度腹地的门户（“德里”Delhi一词来自波斯文，就有“门槛”或“门口”的含意），具有重要的战略地位。10年内，顾特卜以德里为基地，继续东进，把几乎全

■库窝特乌尔大寺中院柱廊

部北印度的土地都纳入于自己的统治之下（为了表示对主人的忠心，当然是以穆仪兹·阿尔丁为名义）。公元1206年穆仪兹死后，古尔王国分裂，顾特卜才自立为苏丹，建立奴隶王朝(1206—1290年)，以德里为都，印度文化才更多浸染了伊斯兰色彩。

库窝特乌尔大寺就是在库特卜攻下德里的第三年开始建造的，在德里以南十余公里。“库窝特乌尔”意为“伊斯兰的威力”。大寺建在一座印度教神庙遗址之上，坐西朝东。大门在东，上有铭文，记载说此寺的建筑材料取自27座印度教和契那教神庙。信徒从此进入，往西再通过一座大门，是一座中央廊院，北、东、西三面围以进深两间的石柱敞廊，成排的石柱都拆自原印度的寺庙。穆斯林们厌恶偶像，根据库特卜的命令，这些石料上的印度教和契那教雕刻要全部凿掉磨平后才能使用，但可能是因为这些柱子太细，并没有完全遵照他的意见，原来的雕刻仍然保留了。只是这些柱子来自于不同寺庙，形式并不一

■库窝特乌尔大寺中院尖拱屏壁

■库窝特乌尔大寺中院尖拱屏壁及铁柱

■ 库特卜大塔

致（像这种样子的石柱，我们在中国泉州也可以见到，应该是印度工匠雕凿的）。在中央廊院左右，对称地又各有一座院子。与阿拉伯清真寺一样，左、右院中各有水池一座，供穆斯林们礼拜前行净礼之用。清真寺里的水池或喷泉是令人最难以忘怀的地方，要知道，在阿拉伯沙漠中，水是如此的重要。伊斯兰教要求人们在礼拜前进行清洁。《古兰经》说："真主喜爱洁净的人"。他们一排排跪在地上，面向西方——伊斯兰发源之地麦加进行礼拜。

三座院子的西侧各有一座由阿拉伯式尖拱组成的连拱屏壁，排成一线：中央廊院5拱，左右各3拱，都是正中一拱最高最大。三座屏壁后面是11间小小的穹顶祈祷室，信徒在里面朝西礼拜。这是一种不经见的组合，通常如此之大的尖拱屏壁都出现在寺门处，在这里却用作祈祷室的入口了。拱门和祈祷室现在已经残破，中央廊院尖拱屏壁的左右拱门上部残缺，依迹判断，左右拱门应该是两层，上层之拱较低较方，两层的总高没有超过中间大拱。拱门饰以凸凹雕刻。在中央廊院中央，屏壁前立有一根铸铁柱，原是印度教寺庙中的饰物兼为旗杆，铸于1600多年以前。当初上面曾悬挂绣有金翅鸟的旗帜，而金翅鸟是印度教主神之一毗湿奴的座骑，现在原封不动地又放在清真寺里，透露了穆斯林征服者对印度宗教的好奇。

■库特卜大塔

库特卜大塔在全寺东南角，平面圆形，底部直径14.3m，上

■库特卜大塔 库特卜大塔阳台雕饰带

下以砌出的钟乳状梁托承托带栏杆的阳台隔为4层，最上一层阳台正中立起一座穹顶小亭结束，直径2.5m。每一层塔身都砌成束竹样即圆弧面朝外的直棱（二、四层），或圆弧面与方角相间（一、三层）。一、三层的材料主要是北印度特多的红砂石，掺杂少量白大理石；二、四层主要是大理石。以后，不清楚什么时候，大塔又升高成5层，现在还完整保存的就是这座5层的塔，高达72.5m，是印度最高的高塔。库特卜塔的浮雕装饰既有阿拉伯几何纹样和诺斯基字体的《古兰经》铭文，又有源自印度传统的藤蔓图案，但没有印度教徒最喜欢雕刻的人体，连动物也没有，因为这是伊斯兰教绝对禁止的。可以推测，当初印度工匠在雕刻这些他们完全不认识的经文时，肯定是根据古尔人提供的图样，或者还有来自中亚、西亚的伊斯兰工匠参加工作。植物图案的创作则比较自由，可以加进自己的想法。塔门上刻着这样的字句："为神建筑庙堂的人，神将为他在天上建筑同样的庙堂。"塔身上的铭文宣称要让真主的影子投射到东方和西方。库特卜大塔又称胜利塔，显然是借宗教的名义彰显新统治者的武功。建筑就是这样，每当一个新政权建立，总忘不了要通过伟大的建筑来显示自己，这是全世界的通例。

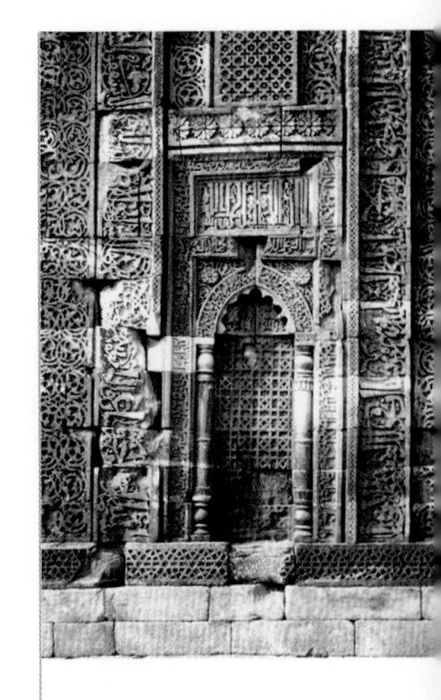

■库特卜大塔 库特卜大塔塔门雕饰

■库特卜大塔 伊拉克萨玛拉城马尔维亚大塔

根据寺内正中廊院的北门过梁内侧所刻阿拉伯铭文，可以肯定大寺和大塔的建造年代。铭文说："592年，奉崇高的苏

丹穆仪兹·阿尔都亚·阿尔丁·穆罕默德·伊本·山姆之旨建此清真寺。他是信仰虔诚的伊斯兰王公的帮助者。”按照伊斯兰的太阳历，先知穆罕默德逃往麦地那的第592年即为公元1195年。寺内还有一处夸大其词的铭文，赞美穆仪兹·阿尔丁是“土地和海洋的统治者，世界各王国的保卫者”，表达了出身奴隶的顾特卜不得不表示的对这位有名无实的主人的忠诚。

在清真寺中建造高塔是伊斯兰建筑的传统，被称为宣礼塔。每当礼拜时间将到，宣礼师登上高塔，高呼着向四方召唤信徒，也是乩望新月之所。

■库特卜大塔 新疆吐鲁番额敏塔

始建于848年，至今为止伊斯兰世界最大的礼拜寺伊拉克萨玛拉（Samara）城的马尔维亚大寺，其最富于戏剧性和最动人的形象就是位于院落北面与寺院大门正对的巨大宣礼塔（萨玛拉在麦加北，故寺门在北，礼拜殿居南）。下有两层方形塔基，其上坐落着高大的圆柱状塔体，越上越细。一条螺旋道围着塔体盘旋而上，旋绕四圈直达塔顶小圆殿。“马尔维亚”意为蜗牛壳，得名于塔的形象。整个塔体用砖砌成，高50m。建成于879年的开罗伊本·土伦清真寺也是一座早期伊斯兰建筑，与马尔维亚大寺相似，在方院外西边正对寺门（开罗在麦加西，故寺门在西，礼拜殿居东）处，中轴线上，也有一座宣礼塔，下方上圆，仍有露天的螺旋磴道。此种塔的露天螺旋道原型，甚至可以上溯至公元前2000年以前的西亚观象台，只不过后者为方形多级台体，折旋的露天磴道单向或双向。到了12世纪，波斯和中亚才开始盛行螺旋磴道不再露天而安置在塔内的宣礼塔，就更像一根巨大的圆柱了，如伊斯法罕的伊·阿里清真寺塔。更优美的宣礼塔在布哈拉城卡兰大寺，高46m，内有一百余级螺旋磴道。卡兰大寺的塔还改变了早期居于中轴线上的布局，而改放在全寺一角。卡兰大塔在全寺东南角。至迟不会晚于12世纪末即与库特卜大塔基本同时的中国广州光塔（怀圣塔）也像是一根圆柱，高35m余，磴道设在塔内，位置也在全寺东南。还有一个相同的例子是令人着迷的新疆吐鲁番额敏塔（1778年），仍然在全寺东南角。这些，都可以作为库特卜大塔的参照。这些清真寺都在麦加之东，寺门也在东面，将大塔转放到东南角，不遮挡寺门且与其一起，显然大大增强和丰富了寺院正面的艺术表现力。

■库特卜大塔 新疆吐鲁番额敏塔与寺门

“奴隶王朝”的得名源于这个王朝三位最有名的君主不约而同地都出身于奴隶。顾特卜不待再说，公元1210年，他在一次赛马中出了意外奄奄一息，他的女婿伊杜米思通过武力继承王位，深受国民爱戴，并得到巴格达哈里发的正式册封。伊杜米思也出身于突厥奴隶，他的统治在1236年因他死去而结束，接下来的30年，接任的家族成员都非常无能，1265年，政权转归同样出身奴隶也同样才能不凡的巴尔班之手，继续统治了22年。

在顾特卜意外死去时，大寺还只是部分完工，完工时已是伊杜米思时代了。

公元1310年，库窝特乌尔大寺经过了一次扩建，主要是在大寺的东部和北部接出围墙，形成了一个

■库特卜大塔
库特卜塔下的阿莱门

更大的大院。在库特卜大塔东稍偏南，紧邻大塔建造了阿莱门（Alai Darvaza），南向，装饰绚丽，被誉为印度伊斯兰建筑最珍贵的作品之一。

伊斯兰教虽然是一种外来的文化，但对于印度的穷人却有很大的吸引力。印度教严格的种姓制度规定，四种姓最低等的首陀罗只能从事低等的职业，种姓以外的“贱民”更加悲惨，被迫与其他种姓的人隔离，甚至连影子也不能落到婆罗门或刹帝利的衣服上，哪怕这件衣服并未穿在身上只是晾晒在那里。“贱民”们只有在每一分钟都奉行自己的应尽义务，才有望在下一世上升到种姓中。相对来说，伊斯兰教却较为宽容，尤其是更加倡导平等和苦行的苏菲派的传教更见成功，获得了下层人民的欢迎。穷人和“贱民”们进入城市，改宗伊斯兰教，有了新的工作，可以与所有的人相处共住。

只是做甜品生意的人不愿意改宗，因为印度教徒用甜品敬神，他们当然不肯失去这笔财源了。

此后，直到16世纪初，以德里为都的穆斯林王朝有高尔兹王朝（1290—1320年）、赛义德王朝（1414—1451年）和罗迪王朝（1451—1556年），伊斯兰色彩更为浓厚，在德里留下了1000处古迹。德里以外的北印度各地则有许多地方性穆斯林王国，如哈勒吉王国、江普尔王国、孟加拉王国、古吉拉特王国、马尔瓦王国、巴曼王国等。

1526年，蒙古成吉思汗和帖木儿的后裔、突厥人巴卑尔在北印度建立莫卧儿帝国，一直到1857年英国人统治印度以前，330余年中，伊斯兰莫卧儿帝国统治了北印度和中印度大部分地区。然而伊斯兰文化与印度教文化毕竟都是很难由对方同化的，从1192年顾特卜占领德里算起，800多年的伊斯兰统治，也并未消灭印度各地信仰印度教的各土邦王的势力，消减印度教对它的隔阂，矛盾一直持续到现在。

夜谭录(之五)
——环境艺术

萧 默

我与A君已经作了几次关于建筑艺术的无边界漫谈，早已成了忘年交了。他有很强的接受力，我们已经能够谈一些比较深的题目了。今天晚上他再一次来到我的书房，照例迫不及待地又问起来。

A：**上次您提到环境艺术，它与建筑艺术有什么关系。**

我："环境艺术"这个词，就我所知有不同的用法：一种主要见于国外，国内也有，大致是指铺陈在室外很大场地上的某种装置，应该说基本上属于一种前卫艺术或具体为先锋派的装置艺术，例如，缝起一张大布把一座铁桥整个包起来，或者在一片极大的山坡地上布置无数把红伞等等之类。这种艺术也称大地艺术，与我们现在的所指有很大不同；还有一种用法见于国内，多半只是指室内环境设计甚至家庭装修，重点在美化装饰，也与我理解的有所不同。据我的理解，环境艺术应该包括室内，也包括室外，主要是室外，而且不仅只具有美化装饰的作用，主要是指创造出一种环境氛围，表达某种思想意境。

A：**那不就是建筑群体布局了吗？**

我：建筑是环境艺术中的一个要素，在其中起很大作用，多数情况下还是环境艺术的主角，但环境艺术还有别的要素，不仅是建筑。

A：**很想听您详细谈谈。**

我：环境艺术是一个融时间、空间、自然、社会和各相关艺术门类于一体的综合艺术，是一个各种要素融汇为一的系统工程。在环境艺术中，建筑就不能只是完善自己，还要从系统的概念出发，充分发挥自然环境（自然物的形、体、光、色、声、臭）、人文环境（历史、乡土、民俗）以及环境雕塑、环境绘画、工艺美术、书法和文学的作用，统率并协调各种因素。

A：环境艺术有些什么特点？

我：可以用几个"结合"来概括，如自然环境与人工艺术创造的结合，物境与人文的结合，局部与整体、小与大、内与外的结合，空间与时间的结合，表现与再现的结合等。

A：自然与人工的结合体现在哪里？

我：自在地存在着的自然环境本身就具有独立的审美意义："大漠孤烟直，长河落日圆"的壮阔，"明月松间照，清泉石上流"的静寂，"绿树村边合，青山郭外斜"的朴质以及"二月江南花满枝"、"千里莺啼绿映红"的妖娆，还有"古道西风瘦马，枯藤老树昏鸦"的苍凉、"胡马秋风塞北"的雄浑、"杏花春雨江南"的妩媚，都给人以丰富的美的享受。但人们并不满足于此，还要通过环境艺术，创造出更为丰富多样的欣赏对象。这个创造以自然环境的存在为前提，或者只是对自然进行的加工提炼，更普遍的则是在对自然加工的同时又添加进了人工的艺术品，是自然美和艺术美的有机结合。

在环境艺术中的人工艺术作品最主要的是当属建筑，此外还有与建筑共存的环境雕塑、环境绘画、工艺美术与书法篆刻。中国古代还特别重视把文学也融入其中，如楹联上的诗句，匾额上的标题与颂语等。

这些人工作品，除了每个单体自身都应具有艺术品的资格和单体与单体之间必须具有的和谐外，又全都应与所处的自然有密切无间的融合，自然与人工，声通气贯，融就一团诗境。这在中国园林里体现得尤为鲜明，在陵墓中，也有很好的范例。

环境中的自然，常不仅只是自然物的体、形和色，还包括自然物的声和香。它们与环境中的其他构成因素一道，通过统觉和通感效应，全都化成为美感，成为环境艺术的构成因素。

A：**物境与人文的结合说的是什么？**

我：环境艺术通常还应该考虑到与所在地域的人文条件的结合，即在有必要的时候，把该地域的民族的和乡土的文化因素，历史文脉的延续性、民情风俗，以至神话传说和该地域人们的服饰仪容等等，都融化进环境总体中来，或者是把物的环境融化进人文环境中去。所以环境艺术除包容了自然美和艺术美外，还有社会美的成分。

A：**局部与整体、小与大、内与外的结合呢？**

我：这是一个空间概念上的一体化结合问题。在一个规模颇大的环境界面内，存在着许多层次的局部与整体、小与大、内与外的空间对应关系。在成功的环境艺术作品中，每一局部在全局中都有自己的明确的合乎自己身份与尺度的适宜地位，创作时就应从大处着眼，小处着手，胸有全竹，笔不妄下。对这一点，不但担任全局的组装工作负导演之责的规划者应该十分明确，就是只担负某一局部工作的环境艺术家对此也应有充分的理解。有的局部应该强调，有的只能一般对待，有的还得甘当配角，各就其位，演好自己的角色。无论如何，局部终究是局部，不能争相突出，只应在总体规定的分寸内完成自己。任何一个局部的、小的、内部的因素，“镶嵌”在上一个层级的整体的、大的、外部的大环境中，都应该严丝合缝，不露雕凿。

A：**空间与时间的结合，这一点与建筑艺术的空间——时间架构听起来好像是一样的。**

我：其实环境艺术的所有特点与建筑艺术都是相通的。

所有自然的与人工的构成因素，被融合成一体化的空间形象以后，就已经不止是自己了，已不仅是二维的画面和三维的体量、景观或静止的虚空，更为本质的是这些二维的、三维的空间已被纳入于随时间的流程而依次出现的空间——时间序列中去了。在序列中，它们交替地成为环境中某一局部的感受中心，发出不同的形象信息，激发出不同的感情火花，被环境艺术家匠心独运地缀合成一条长链，闪动着，跳跃着，于是就整条序列而言，就有了引导、铺垫、激发、高潮、收束和尾声的依次出现，跌宕起伏若行云流水，显现着交响诗般的韵律与和谐。所以，环境艺术虽然并不排斥对于各构成要素的静态的可望，更加着重的却是对于全序列的动态的可游。总之，环境艺术不是单纯的空间艺术，也不是单纯的时间艺术，而是空间与时间的结合。

A：听您这么一说，我以后欣赏环境艺术或建筑，好像更好把握了。表现与再现的结合也是与建筑艺术相通的吧？

我：当然。环境艺术既然是由多种艺术形式组合成的综合体，必然也就是表现性艺术和再现性艺术的结合，前者如建筑、工艺美术、书法及抽象绘画和抽象雕塑，后者有写实性绘画和写实性雕塑。但从总体而言，从本质而言，环境艺术与建筑艺术一样，都是以表现为其根本的。

环境艺术中的再现性艺术部分应该对于整体起到有益的指向作用，它仍然属于整体，所以，虽然它可以有自己比较独立的主题，却仍应与整体环境渲染的氛围融为一体，不能完全游离出去，至于它的造型手法和风格，当然也都应考虑到环境一体化的要求，这是它与一般的独立艺术或称架上艺术的很大区别。

作为一个十分复杂的艺术综合体，必须特别强调环境艺术全局的设计工作。它的组装任务，视环境的大小不同一般由城市规划师、风景区规划师、建筑师或室内设计师完成，这几种工作者，又都可统称之为建筑师。实际上，一个够格的建筑师本来也就应该是环境艺术规划师。他的任务好比电影的导演，经过他的安排和剪裁，把雕塑家、画家、工艺家和书法家以及园艺家各自的创造性劳动融成一个整体，同时还要协调解决一系列工程技术问题。

环境艺术要考虑到如此多的方面，如此多的层次，人们或许已经想到，它的创作大概是颇不自由的。事实也正是这样，对于已经习惯了单项艺术品创作的艺术家包括建筑师来说，应该有这样的认识并随之有相应的观念转化。

中国古代有丰富的环境艺术遗产，北京紫禁城、天坛、明十三陵、华北的皇家园林和江南的私家园林，都是环境艺术精品。外国也是这样，古埃及莽莽沙漠上沉重的金字塔和阿蒙神庙，在雅典明媚的阳光下闪烁着光辉的帕提农神庙，拜占廷索菲亚教堂里似乎深邃无尽的空间，米兰大教堂耸入云天的如林尖塔，印度阿格拉泰姬陵的明丽和沉思，还有罗马圣彼得教堂的雄伟刚健，巴黎凡尔赛宫充满理性精神的巨大花园，全都是熔结各类造型艺术于一炉的环境艺术精品。

A：**您能不能举几个中国的较近的例子。**

我：改革开放以后，中国的环境艺术创作似乎是从建筑界开始的，尤其在旅游宾馆中更被重视，佳作很多，现在只举出一个，如安徽黄山的云谷山庄。黄山是中国国家级风景名胜区，已列入世界自然和文化遗产名录，以奇松、怪石、云海、飞瀑著称于世。1984年建造的山庄宾馆地处黄山腹地，群山环抱，云雾缭绕，环境深邃幽静。山庄布局采用中国传统园林建筑的自由式组合，地段内原有的黄山松、溪涧和巨石都得到保护，并利用蜿蜒穿流其间的溪涧形成充满野趣的中心庭园。建筑随地势跌落分布在七级台地上，多为2层，少数3层。每个客房都有良好的朝向、景观视野和交通联系。在体现现代旅游功能与文化品味的同时，建筑造型追求与优美的自然景色协调，使建筑成为风景的衬托，为之添色加彩，而不夺去原有自然景观的丰采。特别重视与地方建筑传统风貌的和谐，创造性地运用徽州传统民居广泛使用的阶梯状马头山墙，尺度亲切、色彩淡雅、装修精致，延续和发展了乡土文脉。

侵华日军南京大屠杀遇难同胞纪念馆也是我十分欣赏的环境艺术作品。纪念馆建于1985年，建在大屠杀13处尸骨场之一的南京江东门。设计摆脱了纪念建筑轴线对称的传统布局方式，以环境氛围的经营为重点。从南入口进入，广场北端有以“金陵劫难”为主题的大型雕塑——头颅、挣扎的手、屠刀和残破的城墙，浓缩再现了血泪历史。西行至主馆北，是基地最高处，转向南面拾级而上，以中、英、日文镌刻的“遇难者300000”大字赫然在目，触目惊心。从屋顶平台俯瞰全场，大片卵石隔绝了一切生机，惨然呈现凄凉悲愤的景象。枯树、母亲雕像和浮雕墙上同胞的受难场景，进一步烘托了悲愤之情。卵石场周边的青青春草则点示了生与死的斗争。半地下的遗骨室内掩藏累累尸骨。悼念者绕场一周后，从西边进入主馆，甬道两边的倾斜石墙恍如墓道。建筑低矮，采用横向构图，尽量消隐，以突出环境。用石料贴砌内外墙面，青石砌筑围墙，色调庄重统一。

A：我想起了您以前说过的一句话。您好像说的是：“文化”是“艺术”的内涵，“艺术”是“文化”的外现，没有一定深度的文化内涵，建筑顶多也只可能达到美观，不能上升到真正艺术的高度。您刚才说到的这两个环境艺术作品也可以说建筑艺术作品，的确具有深蕴的文化内涵，应该说已经上升到“真正的艺术”的高度了。

我：建筑文化问题，应该是我们充分关注的焦点，我们下次再谈吧。

夜谭录(之六)
——建筑文化

萧 默

A君在北京已经读完了他的大学第一学期，假期他准备和同学一起参加社会服务活动，更多接触社会，今晚他又一次来到我的书房，作我们关于建筑艺术的最后一次交谈。

我：快要放假了，你这个学期有什么感受?

A：**这个学期真是难忘，学了不少东西。北京真的是一座文化古都，我觉得似乎每一个老北京，都能讲出一大堆故事，包括他们每个人的“治国之道”，能在这么一座充满人文气息的城市生活，真是一种幸运。我学的是工科，一门纯技术的专业，但我们学校也有文科，可以选文科的课，我选了中国古典文学，在美学选修课方面选了建筑艺术，上这样的课，可以说是一种享受。**

我：每个人的专业不同，学习的技能也不一样，但是，每个人可都离不开文化，都应该具备一定的文化修养。

A：**上次您已经提到了建筑文化，我想请您再具体谈谈。**

我：我们已经进行了五次谈话，还只是就建筑本身谈到了建筑艺术的一般特点，如果我们把视界再拓宽一些，把建筑与产生它的社会历史环境联系起来，并从接受美学的角度，把它出现以前的创作者和出现以后的接受者都纳入视域，我们就可以惊奇地发现一个新世界，看到建筑艺术的巨大的、从某种角度来说甚至是其他艺术不能比拟的文化意义。法国伟大作家雨果曾说过：“人民的思想就像宗教的一切法则一样，也有它们自己的纪念碑。人类没有任何一种重要思想不被建筑艺术写在石头上，人类的全部思想，在这本大书和它的纪念碑上都有其光辉的一页。”意大利评论家布鲁诺·赛维也说："含义最完满的建筑历史，几乎囊括了人类所关注事物的全部。若要确切地描述其发展过程，就等于是书写整个文化本身的历史。"我的老师梁思成先生也说："历史上每一个民族的文化都产生了它自己的建筑，随着这文化而兴盛衰亡。中华民族的文化是最古老、最长寿的。我们的建筑同样也是最古老、最长寿的体系。四千余年，一气呵成。"

建筑确实具有深刻的精神文化的品格，于是才会有关于建筑艺术的性格、气质以及它所表现的人生哲理的探究，提出了有关它的民族风格、时代风格、地域风格的形成、表现与演变等范围广泛的研究课题。

A：**您说从某种角度来说，建筑艺术拥有甚至是其他艺术不能比拟的巨大的文化意义，这是因为什么？**

我：这是由建筑艺术的以下几个特点决定的：

第一，相比于其他一些造型艺术门类而言，建筑与生活的关系显然密切、广泛得多。大部分造型艺术作品都只与人类精神生活的某一方面发生联系，但建筑却几乎与人类的全部生活即从最初级的物质生活到最精微的精神生活都发生联系。人类的一切生活和生产活动，生老病死的一切，没有一样离得开建筑。建筑既然建立在如此广阔的生活土壤之上，就必然会在满足人们物质需要的同时，还要多方面、多层次地满足人们的精神需求，最广泛地反映人们的生活理想和对美的追求。这一特性，决定了建筑体现文化的必然性。

其二，前几次谈话我们已经说过，建筑拥有丰富的艺术语言，使建筑拥有了巨大的艺术表现力。这一特性，决定了建筑体现文化的可能性。

其三，建筑艺术本性的表现性与抽象性，使它具有与人类心灵直接相通的特点，直接给人以诸如轻灵或凝重、宁静或骚动、冲和或繁丽、朴质或富丽、淡泊或威严、清丽或庄重等明晰的感受，迅速激起强烈的情感火花。这一特性，决定了建筑体现文化的有效性。

其四，建筑艺术最重要的价值在于它与文化整体的同构对应关系，它是某一文化环境中的群体心态的映射，更多地具有整体性、必然性和永恒性的品质。

A：**怎么理解“同构”？**

我：艺术与生活的对应关系，自浅而深，有同形、同态、同构三个层级。同形就是与生活中某一对象的表面形相上的对应，同态是与一群对象的存在势态上的对应，同构则是与文化整体在深层结构这一层级上的对应。

A：**您能举例说明吗？**

我：比如画一幅画，只希望别人看了称赞说：“这张画画得挺像的”，也就是说只要求同形对应，必不是一位有深度的画家，所以苏东坡才说“绘画求形似，见与儿童邻”。若是一幅画不但能画得惟妙惟肖，还能形神兼备，把画中人物的神态心理性格和盘托出，就达到了同态对应。同构对应一般只出现在如长篇小说那样的宏篇钜制中，比如《红楼梦》，就不但惟妙惟肖，也不止是形神兼备，还把这结构复杂的整个社会生活的广阔场景，都活生生地呈现在读者面前，并深刻揭示了它的本质内涵。

A：**为什么说建筑与生活的关系，可以达到同构对应的高度呢？**

我：不是所有的建筑，那些处于较低的艺术层级，只需要用美观与否来评价的建筑，不在现在的讨论范围以内。我现在注目的建筑，是精神性特别高扬，拥有较深的人文内涵，艺术性已达到可以用“真正的艺术”或狭义艺术来评价的作品，它们与社会生活的关系，就属于同构对应。因为它们映射的主要的并不是作者个人的观念，而是某一社会文化环境下群体心态的反映。

绘画由画家个人完成，创作的自由度几乎是无限的，在作品中，充分挥洒着画家的性格，人们可以通过画面窥探到画家的独特个性及人品，所以对于画家个人的研究在绘画史中具有重要的意义。建筑艺术家却没有这种好运气，始终要受到各种条件的严格限制，集体创作的方式更不允许任何一个人随心所欲。建筑的创作者和产权所有者通常也不同一，前者要受到后者的很大制约。这些，再加上建筑艺术本质上的抽象性，使得建筑的主要意义并不在于表现某一位艺术家的独特个性，而在于映射某一社会文化环境下的群体心态。建筑艺术家个人必须把自己融合在这一体现为“文化圈”的群体心态当中，他的工作就在于使这种群体心态表现得更加完美。例如中国的私家园林和皇家园林的风格差异，就是文人墨客和皇家贵族这两种人群的群体心态，通过艺术家的创作得出的反映。一座园林的经营要一二十年，使用可达百年，可以几易其主，也可能换过几个建筑师，这里面已不能明显地看出某一个人的独特之处，但却能从中鲜明地感受到高雅的书卷气或雍容的贵族气的不同。它们又同是中国园林，共同显示了中国人与自然密切相亲的心态，而与西方园林反映的高踞于自然之上的意识迥然有异。北京宫殿时历两朝，绵延五百余年，易主二十多次，建筑师也不知更替凡几，却仍然鲜明映射了中国人有关皇权的近乎全民的群体心态。太和殿巍然于3层白石台座之上，宏伟的金字塔式的立体构图使它显得非常庄严而崇高，体现出巍巍帝德君临天下的无比神圣。但它又不是一味地威壮严厉，广阔方正的院庭、壮丽开朗的天际线，使它又显出了动人的博大、宁静与平和。庄严崇高是“礼”的体现，“礼辨异”，强调区别尊卑等级；平和宁静是“乐”的化出，“乐统同”，宣扬君臣庶民的协调认同；博大和开阔则十分符合于这座作为中华大帝国统治中心的伟大建筑的身份。这些，都道出了封建社会占统治地位的一种近乎全民式的群体心态，也是太和殿不同于粗犷沉重的金字塔、明丽端庄的帕提农神庙以及质朴平实的农家小舍的根据。

深沉的释迦塔矗立在华北大地，玲珑的龙华塔屹然于江南水乡，粗犷的布达拉宫雄踞的高墙沐浴在布达山的晨辉之中，阿巴和加陵静穆的琉璃穹窿闪烁在西陲夕阳之下，还有世界各地难以罗列的更多建筑艺术精品，莫不都与当时当地的社会群体心态息息相关。

A：**的确是这样，那么，建筑师受到的“局限”反而“逼”得他创作的建筑更接近于生活的本质了。**

我：你这个“逼”字用得非常机智。我们还可以从文化的结构层次这一侧面再作一点补充。

已经有人对于文化的结构层次作了许多研究。文化的表层是物，即人类一切劳动包括艺术劳动的物化形态；中层是心物结合，体现为各种规范制度、法律法式或法则以及艺术创作方法等；深层的即心，即属于这一文化整体的社会群体心态，包括群体的伦理思想、思维方式、价值观念、民族性格、宗教感情、审美趣味，它离物较远，却是在精神的物化过程中决定物的根本。在文化的深层结构通过中层向着表层发挥作用的时候，正像已经谈过的，存在着两种情形。一种情形如绘画，在表达画家独特个性的意义上，具有很大优势，但在涵括文化深层群体心态这一方面，就每一单独的作品而言，却不免要受到作者的思想、个性的局限和干扰，发生某种变形和取舍，而具有个别性、偶然性和暂时性的因素，不能得到更充分的表现。我们只有通过对某一文化环境中的作家群所创作的作品群的总体综合，才能把握到深层的气息。另一种情形如建筑，正好相反，创作者个人的身影在很大程度上已经融入于广阔的社会和时间背景之中而几至消失，中层的干扰较少，与个体相关的个别性、偶然性和暂时性让位给了群体的整体性、必然性和永恒性，在反映整体文化深层的意义上，具有更为本质更为概括的优势。这一事实，加上建筑艺术的抽象性品质，意味着建筑与文化的关系，已经超出了同形对应，而是与文化整体的深层同构对应。

建筑艺术与文化整体的同构对应这一特性，决定了建筑体现文化的深刻性。

所以，雨果才在描述巴黎圣母院这座伟大建筑时才动情地说："这个人，这个建筑家，这个无名氏，在这些没有任何作者名字的巨著中消失了，而人类的智慧却在那里凝固了，集中了。这个可敬的建筑物的每一个面，每一块石头，都不仅是我们国家历史的一页，并且也是科学史和艺术史的一页。"

现在我们可以明白了，为什么当代美术史家简森（H.W.Janson）在他的已有14种文字译本行销数百万册的《西洋艺术史》中要这么认为："当我们想起过去伟大的文明时，我们有一种习惯，就是应用看得见、有纪念性的建筑作为每个文明独特的象征。"

但是，我们的一些建筑师和理论家却往往并不懂得这些，他们只满足于所谓"美观"，只欣赏于某些西方当代建筑浅薄的新、奇、特，而十分缺乏文化意识。即使面临着一些需要他们惮精竭智以追求体现某种深刻的文化内涵时，也浑然不觉。这是一件很可悲的事。这也就好比音乐，若是欣赏贝多芬的交响乐，只是说"这个调调儿挺好听的"，我不知道贝多芬听了，会感到多么的悲伤！

A：**明确了这些，有什么实际意义呢？**

我：从本质而言，建筑艺术与其他多数艺术的一个重大区别就是它的极强的公众性。作为重要的审美符号，它在时间和空间的坐标系上巍然屹立，决定了它不单只是业主或建筑师的事（即使这座建筑的产权完全属于私人），而是公众理所当然的关注对象，必须体现公众的群体审美心态。所以，虽然我也很欣赏建筑师个人天才在符合于这个前提下的充分发挥，却不十分赞成那种完全忽视建筑的公众性，单纯强调张扬自我的创作态度。从这个角度看去，“建筑艺术”当然也不是人言言殊的个人好恶问题，仍然是有它的客观评判标准的。对于人们争论已久的传统继承问题，也不是一个个人兴趣能够解释得了的了。

1878年法国建筑师达维吾德说：“只有当一个建筑师、一个工程师、一个艺术家和一个学者的才能汇集在一个人的身上时，建筑作品才能真实、全面与丰富，多方面的知识是艺术发展的必要条件。”他批评这样一种认识：“许多人愚蠢地认为艺术是跟多方面的知识分离的东西，孤立的东西，只有在艺术家本人主观离奇古怪的幻想之中才会产生出来”，这当然是完全错误的。

好了，就拿这句话作我们谈话的结束吧！

东西方建筑观之探讨

周军 王娟*

“埏埴以为器，当其无，有器之用；凿户牖以为室，当其无，有室之用，故有之以为利，无之以为用。”建筑空间的形成必须依靠建筑实体的存在，没有建筑实体，空间将难以形成。同样，空间作为建筑的最初目的，也影响着实体的形成。建筑实体与空间已成为一对不可分割的孪生体，同时产生、共同成长、同时消亡，是建筑的两个基本构成要素。在漫长的人类建筑发展史中，这对孪生体的互相冲突和互相平衡，影响和改变着人类的各种建筑生产活动和生存环境，也成为建筑不断发展和进步的源动力之一。

回顾历史，从古埃及、古希腊到现代主义、后现代主义、解构主义，建筑实体与空间始终是无数建筑师关心的话题。建筑师如何面对这对矛盾、如何理解这对关系，直接体现着建筑师的建筑理念和构思。从这个角度，我们可以发现，大多数建筑师对这对孪生体表现出两种认识趋势。为了更好说明这种状态，我们想用一个钟摆作为比喻：钟摆的一端是建筑实体而另一端则是空间，建筑则围绕中心左右摆动。这里有三个特殊状态，一个是极端重视建筑实体，一个是极端重视建筑空间，还有一个就是实体与空间的平衡，这三种特殊状态出现的概率极小也过于极端，这里暂存而不论。而大多数的状态，建筑总是在显示两种认识倾向中的一种，一种偏向实体，一种偏向空间。这正是我们想讨论的两种认识趋势，也是我们认识建筑的一种观念和方法。

* 作者单位：武汉大学城市建设学院。

■德国科隆大教堂

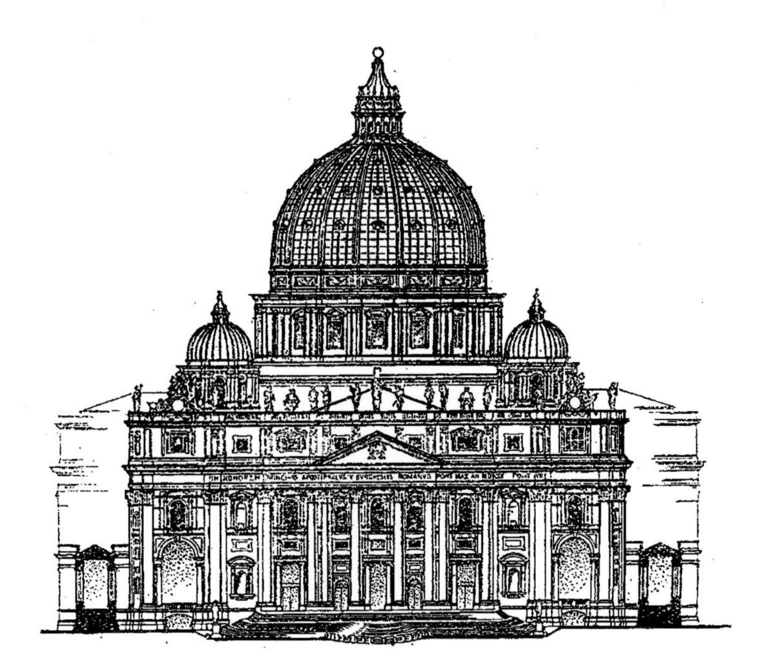

■ 米开朗琪罗创作的罗马圣彼得教堂大穹顶

第一种趋势即偏向建筑实体的建筑观在西方发展得较早也较为充分，是西方建筑发展史的主流。在古希腊、古罗马时期，这种建筑观曾起到了主要的作用。其主要表现是在满足一定空间需要的条件下，更多追求建筑形体的塑造。如在著名的希腊雅典卫城修建中，人们就用建筑的形体来显示人类智慧的伟大，对建筑立面造型反复进行推敲，追求一种几乎完美的立面比例关系，把立面的造型分成三段式：山花、柱子、基座等和谐的比例关系，给人们带来美的享受，并给西方建筑以后的发展带来了重大影响。与此同时，这一观念也体现在建筑设计的其他方面，如柱式的细部装饰：爱奥尼柱式流动的曲线造型体现的一种形体的柔美，象征着女人；多立克柱式粗犷的线条表现的一种刚性的美，象征着男人；科林斯柱式模仿树叶状的造型表现了一种自然美，象征自然，再到后来的卷柱式、巨柱式，也都反映了人们对形式美的一种追求和想像。在人们的眼里，建筑实体显得更加直观，更能有效地表达人们的情感和思想，自然也就使得建筑更像雕塑。

随后的中世纪、文艺复兴等历史时期，第一种建筑观也成为人们建筑活动的主要观念和方法，并呈现出更高的阶段和惊人的成果。例如中世纪的哥特教堂，十分注重立面构图，用垂直的线条统制全身，在扶壁、墙垣和塔上施以十分精细的雕刻，建筑形体越往上越尖细，整个教堂充满向上的动势，置身其下无不感叹人类的伟大。在文艺复兴和法国的古典主义时期，严谨的古典柱式重新成为控制建筑布局和构图的基本要素，人们继续用自己喜欢的建筑实体表达了当时人们的社会观念和个人精神。这种强烈追求形体美的观念也反映在当时的其他艺术之中，如雕塑、绘画等，例如米开朗琪罗，他既是建筑师又是画家和雕塑家，他的作品就充满着一种体积感。可以说，第一种建筑观从古希腊开始一直占据着西方人建筑观念的主流，直到19世纪中叶，以伦敦“水晶宫”为标志，现代主义建筑革命开始萌芽，思想的反思和批判，才又使得人们重新去思考建筑实体与空间这个原初的课题，建筑形体开始走向简洁，取消繁琐的装饰，主张新技术新材料的采用，也开始重新意识到和感受到空间的价值和意义,思考建筑实体与空间的关系应该具有多种发展的可能性，催促了新建筑的诞生。在现代建筑时期，这主要表现在两个方面：一方面是空间设计的运用不断增多，例如密斯·凡·德罗在巴塞罗

■路易斯·康设计的萨尔克生物研究所

■路易斯·康设计的萨尔克生物研究所

那德国馆创造的“流动空间”、勒·柯布西耶的朗香教堂对光在空间中的运用等。另一方面是出现了一些代表第二种建筑观的建筑名作，如路易斯·康设计的萨尔克生物研究所，建筑实体与空间各要素的和谐关系给人留下了无尽的回味，被称为“没有屋顶的大教堂”。

现在，第一种建筑观在西方已走向高峰，建筑师对建筑实体的理解有了更深的认识，开始改变建筑实体原有的逻辑和属性，并在其中大量运用新技术和新材料，形体语言的运用也达到更高的水平和更新的领域，如弗兰克·盖里设计的西班牙毕尔巴鄂古根海姆博物馆。屋顶、墙等实体融为一体，形体更加抽象，形状更加奇特，注重建筑实体表面质感的处理和建筑内部空间形状的整体塑造等，都使得他的作品具有更强的雕塑感和视觉冲击力，反映出他对建筑实体的理解和表现已步入到一个新的阶段。在第一种建筑观不断发展的同时，第二种建筑观在西方也有新的成果。如巴黎密特朗图书馆，四幢

■盖里设计的西班牙毕尔巴鄂古根海姆博物馆

■盖里设计的西班牙毕尔巴鄂古根海姆博物馆

高楼像四本打开的书围合在一起，给城市空间带来了新的意义。反映出西方建筑师也越来越重视对空间的考虑和研究，并不断展示出他们对空间的理解和认识，使得第一种建筑观与第二种建筑观在西方的发展逐渐趋向平衡。但由于第一种建筑观长期植根于西方社会的精神世界及各种艺术文化领域，现代建筑并没有完全改变第一种建筑观在西方的主要地位和发展趋势。

与此相反，第二种建筑观即偏向空间的建筑观则较早地产生和表现在东方社会，主要植根于东方文化内涵，与东方哲学思想有着不可分割的联系。

中国道家哲理主张的师法自然，讲求人与人、人与自然的和谐共生、天人合一。第二种建筑观的主要思想就是把空间中的一切事物都看成一种同等的具有积极活力的因素，它们都有可能在一定时间段内成为环境中的主角，其中也包括建筑实体和人。这也就是说，在一个建筑环境中，建筑实体并不一定就是主角，环境中的人、光、水、风、

■巴黎密特朗图书馆

声音等都有可能在一定时间段内成为人们关注的对象，而建筑实体此时可能仅是一个背景，以衬托它们的存在。建筑不再只是一种功能的或形式的存在，而是为空间中不断产生和变化的关系而活着。当一个建筑给人们的感受越深刻越丰富，它也就越具有活力。从根本上讲，视世界为有机的、整体的、系统的理论，正是第二种建筑观在东方文化生根并不断成长的基础。

与第一种建筑观不同的是，第二种建筑观把建筑实体放在了一个与周围空间要素相同的位置，建筑师关心的是每一个要素以及要素之间的“关系”，建筑师要做的是理解并提供建立起新的关系和新的价值的可能性。当然建筑实体在其中也可能起着非常重要的作用，但它并不是建筑师心目中的惟一所爱，例如，中国古代园林就是这种建筑观的典型代表。其中，建筑实体的意义更多的是与周围环境形成一种和谐的关系而并不在于实体本身。在其中充分表现出人们对空间关系的重视，如借景、隔景、障景、对景等一系列空间设计方法纯熟而广泛的运用，都体现了对空间关系的一种理解和实践。在日本，这种建筑观也很早就有所体现，其代表之一就是枯山水。在枯山水中人们用石块象征山峦，用白砂象征湖海，在尺寸之地幻化出千岩万壑，就是对自然空间关系的一种写照。由此可以看出，东方人很早就已意识到空间的价值和意义，并给予了更深的思考和实践。但在后来，直到20世纪中叶，这种建筑观并没有得到更充分的发展和带来更新的成果。这主要是在于，一方面，西方第一种建筑观的普遍盛行使人们忽略了第二种建筑观的存在和价值，另一方面，由于人们对第二种建筑观的认识和研究的不足，使得它的发展缺乏新的生气和活力，也使得人们对它的前景没有足够的信心和勇气。

■苏州拙政园

直到现代，第二种建筑观才又重新得到人们的重视和理解，并与新技术和新材料结合在一起，具有了新的活力，

■苏州网师园

■日本曼殊院枯山水

迅速成长起来。这一特点在日本表现得最为显著。表现之一是：许多第二种建筑观的作品在日本得以建成，并呈现出新观念的、独特的、感人的特点，反映了日本建筑师对现代第二种建筑观自身发展的思考，也反映了他们对西方第一种建筑观的某种借鉴和吸收。表现之二：出现了不少具有代表性的建筑师和建筑理念。如妹岛和世，在她的主要运用第二种建筑观创作的作品如M－House，Y－House，Day－care center中，可以看出她对环境空间独特的体会和感受。在M－House中，一棵树可以和不同的建筑实体表面形成一种存在关系，树成为空间关系中的焦点，而周围的建筑实体表面则和树一起，共同形成了一种空间氛围，树被赋予了新的生命和价值。中国也出现了一些具有新思想新理念的第二种建筑观的现代作品，如张永和在威尼斯双年展上的参展作品竹屏风门，就是对竹子与屏风关系的一种重新生成，把旧有建筑实体观念中的屏风一分为二，而变为一种空间关系的产生。但总的来看，目前在中国第二种建筑观并没有引起人们太多的重视和理解，人们关心更多的还是第一种建筑观，体现具有东方文化内涵的现代第二种建筑观思想的建筑作品还很难看到。

我们认为，第二种建筑观在中国的发展仍需要我们更多的关心和研究，它的实践将会为我国新建筑的产生带来新的希望，也会为我国具有地方文化内涵建筑的发展带来新的启示。

【参考文献】

[1]同济大学、清华大学、南京工学院、天津大学，《外国近现代建筑史》．北京：中国建筑工业出版社，1982

[2]《中国建筑史》编写组．《中国建筑史》．北京：中国建筑工业出版社，1993

[3]高介华、郑光复、顾孟潮等．《建筑与文化论集》．湖北美术出版社，1993

[4]萧默．《从中西比较见中国古代建筑的艺术性格》．《新建筑》1984年第1期

■ 日本妹岛和世的M-House
■ 日本妹岛和世的Y-House
■ 竹屏风门

“意”在“有无相生”中

段良骥*

20世纪，中国建筑界前辈梁思成、林徽因先生所创“建筑意”一说，至今发人深省。“建筑意”含义深远，其归宿就是建筑的意境，即艺术形象给予人们的深远联想和审美感受。中国建筑与中国诗歌、绘画等传统艺术一样，是极富意境的。形成这种“建筑意”的，不仅是人们通常熟悉的中国建筑那种美仑美奂的造型，如雕梁画栋、飞檐斗拱等等，在更深的层次上，乃在于中国建筑所体现的中国人特有的空间观念。实际上，中国传统建筑绝非简单的“匠作”之“器”，而凝聚了中国文化的基本精神，并在艺术表现上达到高度的成熟和完美。但中国古人历来对“诗意”、“画意”研究至深，却独对“建筑意”很少言及。

我认为，建筑的实质在于空间，我们探求中国传统建筑的“建筑意”， 也就是在探求博大精深的中国文化精神在建筑中的体现，关键即在于理解中国人的空间概念。

中国人的空间概念，是中国人“天人合一”的宇宙观的一个组成部分，其基本含义即人与自然的和谐共存，表现在空间概念上，就是把自然视为人的基本生存空间。晋代名士刘伶所称“我以天地为栋宇”，正反映了中国人“天人合一”的空间概念。在中国人看来，人固然居住在“栋宇”即建筑实体围合的人造空间之中，但这个小“栋宇”只不过是“天地”大栋宇中的一个小小的组成，人归根结底是居住在“天地”即自然空间之中的。既然如此，人就应该尽量使自己创造的建筑空间与自然空间相融合。怎样

*作者：武汉经济技术开发区发展研究中心注册规划师，高级工程师。

才能做到这一点呢？中国人创造了一种独特的空间艺术：“有无相生”。

“有无相生”一语出自《老子》，本是中国人一种辩证的思想方法，其大义是事物的“存在”与“不存在”可以在一定条件下相互转化，即“无”可生“有”，“有”可生“无”。按这种“有无相生”的思想方法，中国人的“建筑空间”就不仅是指一座座建筑实体围合起来的一个个人造的空间，即所谓“有”，也包括包藏着这许多人造空间在内的自然空间，即所谓“无”。中国空间艺术的奥妙，尽在此人造空间与自然空间的“有”、“无”相生之中。正是通过这种空间艺术，中国人“天人合一”的空间概念得以充分实现。

比如中国传统建筑最普遍、最具代表性的形式——庭院，就典型反映了中国人总是不满足于住在纯粹的“建筑”即人造空间之中，只要有可能，总是力求使自己的人造空间与自然空间相融合。庭院以其开敞的上部，把自然空间引入建筑内部的人造空间，于是“无”转化为“有”；同时又把建筑的人造空间引向自然空间，于是“有”转化为

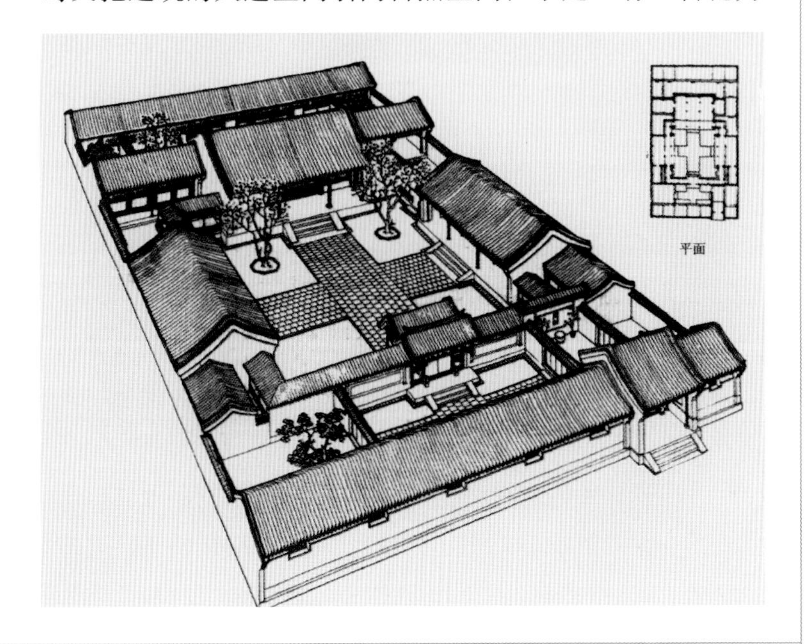

■中国庭院—北京四合院

“无”。这种空间的对流与转化，使庭院内的建筑不仅得以采光通风，而且充满活力。活力就在于随着空间的对流与转化，人们出入其间、作息其间、交往其间，无不都被赋予了一种特殊的意义。大户人家，钟鸣鼎食，沸沸扬扬，宾主聚会于高堂，僮仆趋走于廊下。小户人家，日出而作，日入而息，院中饲鸡养鸭，门前呼儿唤女。景象虽然不同，却各有情趣。中国的庭院，不仅有此活力，而且有其美感。美感的产生，也在于庭院空间的“有无相生”。庭院空间作为自然空间与人造空间的过渡，是一种“有”中含“无”、“无”外通“有”的“灰空间”。由于这种“灰空间”的融合作用，一些本属平常的自然景物，便与建筑相映成趣，生出一种特殊的美感——“幽”。士大夫第宅，如宋词所谓“庭院深深深几许”，“乳燕飞华屋，悄无人，槐阴转午”，“新绿小池塘，风帘动，碎影舞斜阳”，可谓幽静、幽雅。农家小院，虽竹篱茅舍，但如陶诗所谓“榆柳荫后檐，桃

■“庭院深深深几许”—杭州胡雪岩故居

■“城临渭水天河近，阙对南山雨露通”—秦、汉、唐建都形势图

■“北枕居庸，南襟河济”—明清北京建都形势图

■北京紫禁城

李罗堂前”，也有一种清幽。格调虽然不同，但各得其“幽”，各有其美。中国的庭院正因为有上述的活力和美感，才成为一种亲切宜人的居住空间。所以，这也就是从北京四合院乔迁到单元式楼房的居民，虽满意其新居的现代设施，却仍留恋其旧居的人情味的原因。可见住宅设施的现代化，并不能代替中国人对活性居住空间的追求。

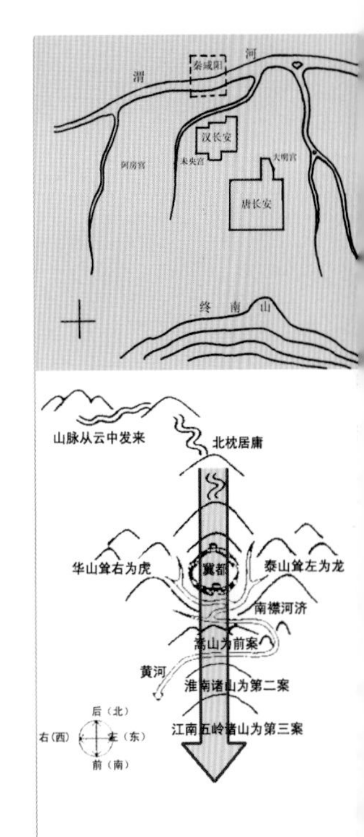

宫殿是帝王施政、起居之所，是中国建筑的最高形制。中国人“天人合一”的空间概念，在这里主要表现为宫殿建筑与山河形胜的大环境相呼应，即所谓气壮山河，方显出封建王朝一统天下的赫赫威势。故中国历代王朝，其建都都必选择形胜之地：周秦汉唐建都之关中，称“八百里秦川”；“六朝”建都之金陵，称“钟山龙蟠，石城虎踞”；元明清建都之幽燕，“北枕居庸，南襟河济”，号称“总揽中原”。宫殿依托这样的建都环境，自然得天独厚，

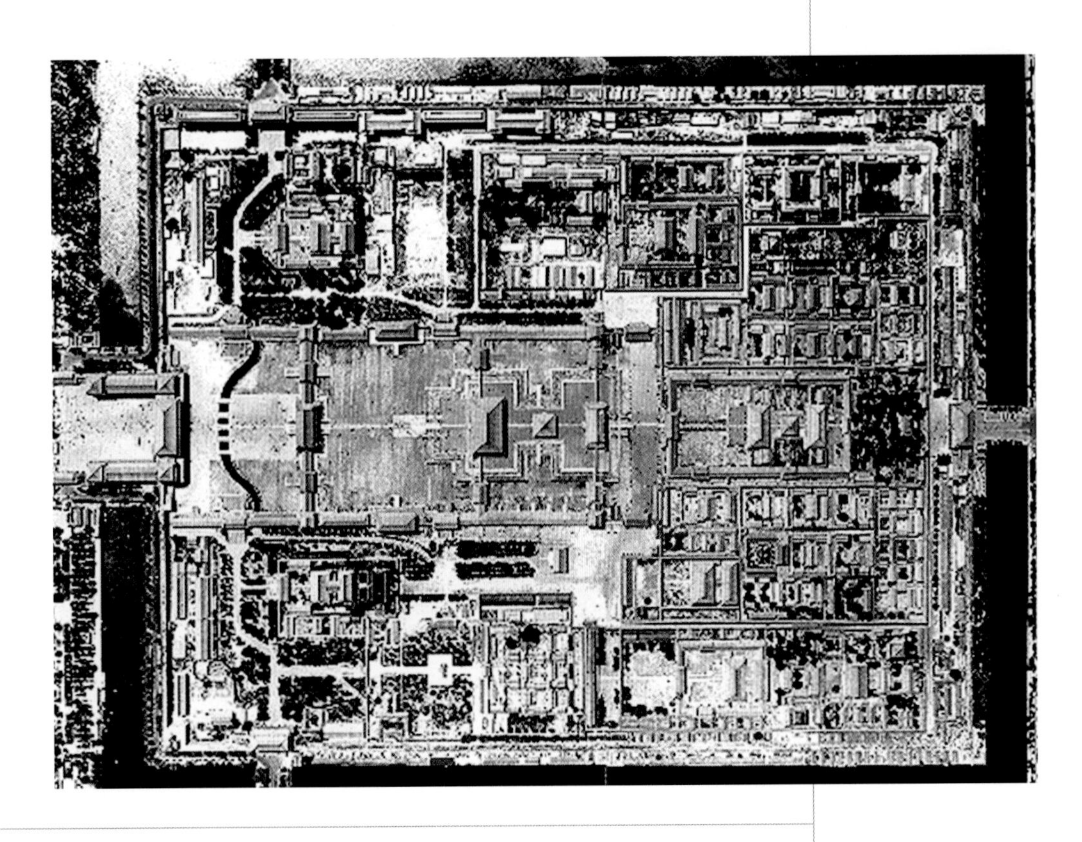

如秦之阿房，汉之未央，唐之大明，以及现今尚存的明清故宫，皆无不蔚为壮观。这是一种全方位、大范围的空间"有无相生"：一方面，自然空间向宫殿的人造空间汇合，山河形胜纳入宫殿的四望之中，即"无"中生"有"；另一方面，宫殿的人造空间向自然空间扩展，宫殿又纳入山河形胜的环抱之内，即"有"而生"无"。这样，宫殿便与山河形胜结成有机的整体，相映生辉，气壮山河的外向效果即由此而来，如唐诗所谓"城临渭水天河近，阙对南山雨露通"。除此种外向效果，宫殿建筑群本身还要求纲举目张的内向效果，就是宫殿建筑群必须突出正殿所在的主轴线，并以此主轴线来组织其余偏殿所在的次轴线，以体现封建帝王的至尊地位。这种纲举目张的内向效果，也是在空间的"有无相生"中实现的：处在主轴线上的正殿，是整个宫殿建筑群的空间汇聚中心。所有偏殿的人造空间，先融入宫殿建筑群中的庭院空间，即从"有"到"无"，再沿主轴线汇聚到正殿这个最高最大的人造空间，又从"无"到"有"。空间的汇聚，同时也就是人流的汇聚：文武百官，外国使臣，皆循此途径鱼贯而入，朝王见驾，即如唐诗所

■ "虽由人作，宛自天开"
——圆明园一角

■颐和园昆明湖

谓“金阙晓钟开万户，玉阶仙仗拥千官”，“九天阊阖开宫殿，万国衣冠拜冕旒”。通过上述外向与内向两重效果，中国宫殿建筑的政治功能就得到了充分的体现。

中国园林是中国建筑的又一重大成就，由于它最大限度地摆脱了实用功能的束缚而追求天然情趣，使得“天人合一”的空间观念得到更充分的运用和发挥。园林之中，亭台楼阁掩映于山水花木之间，构成立体的图画，可谓美矣。但这种美还是外在的、静态的。中国园林之内在的、动态的美，则在于其流动空间。宏观上，园林中亭台楼阁的分布，已使空间产生动势，又因路、桥、门、洞的导引，即所谓“曲径通幽”，空间的流动便自然形成。一方面，自然空间流入亭台楼阁而汇聚为人造空间，这是“无”化为“有”；一方面，人造空间又流出亭台楼阁而扩散为自然空间，这是“有”化为“无”。“无”中望“有”，便觉别有洞天，心怀悬念；“有”中望“无”，又觉豁然开朗，心旷神怡。于是行而复止，止而复行，步移景异，兴味无穷。《红楼梦》中的大观园，即是如此：“穿花度柳，抚石依泉，过了荼蘼架，再入木香棚，越牡丹亭，度芍药圃，入蔷薇院，穿芭蕉坞，盘旋曲折，忽闻水声潺潺，泻出石洞，上则萝薜倒垂，下则落花浮荡。”中国园林的空间流动，还讲究微观上的效果。每一处景点，各种形式的景门、漏窗、照壁、花墙、回廊、曲径，在有限的空间中，又生出无穷的层次，似隔非隔，似断不断。这里，“有无相生”的空间流动，更加变化莫测。游人过门、临窗、倚壁、隔墙、穿廊、入径，咫尺之中，景观各异，片刻之间，感受不同。从宏观到微观，中国园林就是这样以“有无相生”的空间流动，把人

■流水别墅

们引入“虽由人作，宛自天开”的“天人合一”境界。

从上述中国传统建筑，我们确实能体会到蕴含在“天人合一”空间观念之中的中国式的“建筑意”。这种深邃、优美、高雅的“建筑意”，也并非只能由传统建筑形式来表现。“道法自然”，故而“道不孤行”，故现代建筑的材料、结构虽已与古代大不相同，却丝毫不应妨碍“天人合一”空间观念和“有无相生”空间艺术的运用，反之，更会赋予它们更强的表现力。早在20世纪前期，正当现代主义建筑运动方兴未艾之际，美国建筑大师赖特就针对现代主义走向“居住的机器”之流弊，提出了“有机建筑”的卓越理念，创立了“有机建筑”学派。按照赖特的解释，“有机建筑就是自然的建筑”。他还把“有机建筑”直接与老子“有无相生”的思想联系起来。“有机建筑”的代表作是众所周知的“流水别墅”，其“有机”性，不仅在于依山傍水，更重要的是那纵横重叠的大挑台，吸收着自然空间，又扩散着人造空间，同时又巧妙地为挑台下的流水提供了一种“灰空间”，造成流水似乎是出自室内的奇特效果。

■中庭

于是从上到下，人造空间与自然空间互相流动、浑然一体，何尝不也是“天人合一”、“有无相生”？

赖特之后，“有机建筑”学派虽然没有明确的传人，但

■屋顶花园

“有机建筑”的思想已经深入人心。20世纪下半叶以来，世界建筑重环境、重生态的潮流，事实上印证了“有机建筑”思想的正确，也继承和发展着“有机建筑”思想。比如后来颇为流行的“中庭”，就是随着世界性的城市化进程，在人口日益密集、地面空间不可多得的情况下，通过在建筑物内部复制自然空间而创造的一种新型的“有机建筑”。这种“中庭”不仅合理组织了大型建筑的内部空间，而且收到了空间“有无相生”的艺术效果。其实，当代建筑采用的“屋顶花园”、“空中庭院”等等做法，也都是在追求着建筑的“有机”性和空间的“有无相生”。再如后现代的查尔斯·摩尔的“克雷斯格校舍”，依山就势，蜿蜒曲折，富有引人入胜的动感和深度。随着曲折路径的导引，一幢幢建筑相继出现，又随即隐去，视觉变幻，联想无穷，也暗合“天人合一”的观念。贝聿铭的“北京香山饭店”，成功运用了中国传统庭院式布局手法，并创造性地发展为非对称的多重组合庭院，不仅深受国人赞许，还获得了美国奖项，也同样说明“天人合一”空间观念和“有无相生”空间艺术之生命力。尤其可喜的是，中国当代一些开发区的工业建筑群，也突破了以往工业区那种单纯讲究生产功能，忽视环境和生态的旧格局，转而注重空间布局的“有机”化，在空间的“有无相生”中创造出一种新型的环境。从发展趋势来看，“有无相生”的空间艺术，将不仅体现于单体建筑或建筑群，而将进一步体现于整个城市。

■ 屋顶花园

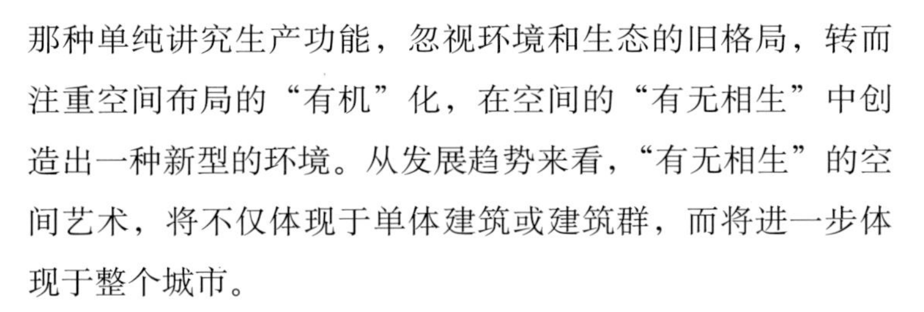

时下常闻一些业内人士对中国传统建筑文化之自我菲薄论调，以为不能用之于当代。实际上，非传统之不能也，是时人之不解、不能或不为也。古人云：人之为学有难易乎？为之，则难者亦易矣；不为，则易者亦难矣！是至言也。

■ 北京香山饭店一角

■ 北京香山饭店总平面图

■ 武汉某工业区

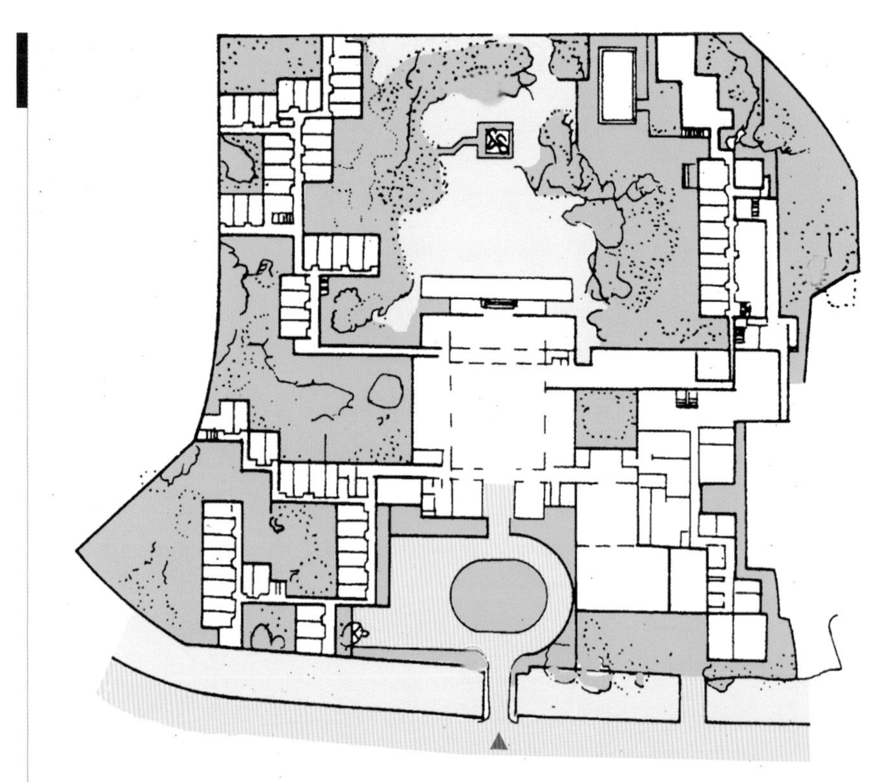

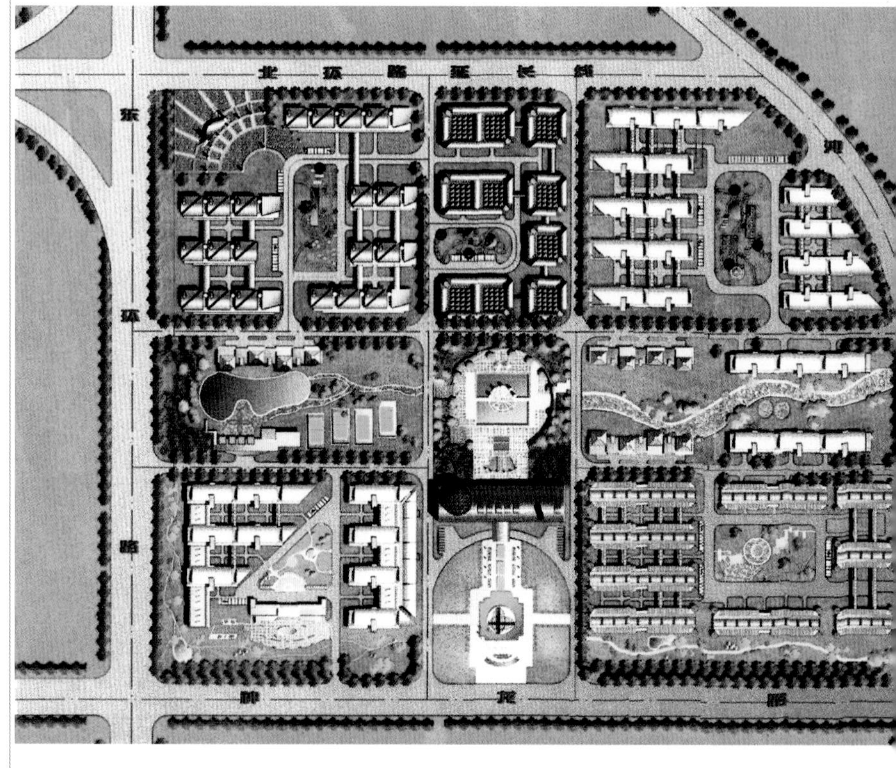

从ABBS鸟瞰CCTV

《建筑意》编辑部编介

编者按：数码时代提供的网上论坛，是有别于前此已有的学院话语、媒体话语的第三种话语现象。它的出现，对于文化及更多领域将发挥的影响，无论怎么估计都不会过分。朱大可、张闳先生在《2001：文化批评白皮书》前言中说："1980年代中期以来，文化批评始终在谋求独立的批判立场，寻找自由和民间的公共言说空间。但只有在互联网时代的数码语境中，这一哈贝马斯式的梦想才逼近实现的边缘。"①他们认为："以论坛为大本营的文化批评……更加激进、机敏和犀利，更富于挑衅性，同时也流露出更酷烈的话语暴力色彩。另一个戏剧性的差别是，基于一种普遍的匿名状态，网络批评者缺乏成名动机，也完全放弃了商业目标（或其他如评职升级等功利的目的—编者），从而成为区别于学院批评和媒体批评的第三种势力。"他们强调："只有网络批评才为真正意义上的全民自由言说体系开辟了未来道路。……它属于每一个自由公民，任何话语强权都不能加以褫夺。"

既然如此，我们对于网友们的言论当然就不能等闲视之的了。鉴于此，征得并感谢中国影响最大的建筑网站ABBS自由建筑论坛的同意，我们组织了这篇稿件，今后还将对网上论坛有关建筑艺术建筑文化的重大事件进行一定的报道。这里有几点应该加以说明：

1.正如本刊所有文章一样，网友的发言并不代表编辑部的意见，我们将贯彻"二为"、"双百"方针，

① 尤尔根·哈贝马斯（Jurgen Habermas），德国哲学家，法兰克福学派当代领袖，提出"公共空间"学说。

尽量本着客观的原则，反映各种不同见解。

2.重点在于综述和摘编富于启发意义者。

3.除了文字上的必要整理，以及对所谓“暴力话语”、重复或无关话语的删削，对发言及其风格均不作改动。

4.基于网站的特点，网友的发言不可能条条缜密无缺，望有关方面加以体谅，无则加勉，至少可从中得到某种启发。同时欢迎读者朋友来稿，发表自己的争鸣意见。

本文应ABBS网站之邀，于2003年11月16日载于该网站首页，两个月来，浏览数已超过23000人次，跟帖60，足见广大青年对此问题的关注。

在国家大剧院的那场争论中，不管是专业还是非专业媒体，都显得很是热闹，而建筑网却似乎比较平静；与此相反，关于CCTV，除了不多的专业杂志大多倾向于肯定的文章外，其他媒体则动静不大，而从2002年直到今天，网友的关注却表现得特别热烈而持续。仅从ABBS所见，即有大约10条初帖，数百条跟帖，总字数约达10万，浏览数竟高近6万人次。引人注目的是，倾向于肯定者少，而否定者多。这大概反映了青年学子们思考力的进一步增长，和面对外国建筑师在2008年北京将要兴建的大批国家级建筑中连连夺标，表现出的一种迷茫和忧思。倒不是为了改变已经不可改变的某个具体状况，仅仅是便于进一步思考，自不量力，本文试图对网友的观点加以归纳。这是一件费力而不讨好的工作，挂一漏万，应是题中应有之义。网上发言往往有即兴的成分，免不了诸如调侃、愤激甚至所谓“暴力倾向”，本文将试图尽量保持一种平和而客观的心态，只注目于其阐述的观点，并不关注其“态度”。文中的笔者插言，也仅代表个人的浅见。

■ CCTV-K全景

这里说的“CCTV”指中央电视台总部，将建在北京CBD区（中央商务区）东三环南路一块10公顷的地段上，总投资达50亿元人民币，包括CCTV、TVCC(电视文化中心)和一个媒体公园。按照现已获得评委全票通过并采用的荷兰建筑师库哈斯（Rem Koolhaas）提出的方案，CCTV被设计为一座高230m、面积达40万m^2、由两个上部向内倾斜6°的Z字组成的扭曲方环状摩天大楼，内含行政、新闻、广播、演播和节目制作等部分。与其呼应，TVCC建在地段的另一边，是一幢塔式摩天楼，面积116000m^2，包括酒店、参观中心、剧场和展览空间。它们被分开设置，一是出于安全，以满足CCTV严格的保安要求；二是整体形象的生动，路人在行进中可以透过CCTV巨环围合的“大窗”，将TVCC锁定在“窗框”中。媒体公园则位处它们之间。

网上转贴了某专业刊物发表的一些理论文章，试图理解库哈斯的方案，认为对于“解读CCTV方案……尤为关键”的是“不妨追溯库氏在城市及建筑设计背后的理论根源，切入到其文本的言说中寻找其理论和设计所在的具体上下文的交汇点，并在此过程中寻求答案。……问题的答案需要回溯到库哈斯思想的发展和经历的转变上。”“在库氏众多的建筑及城市理论中，《小，中，大，超大》之‘大’和《迷狂的纽约》中的许多观念，对CCTV方案的促成有直接的影响”，然后就是大篇的阐释。

这似乎也与国家大剧院的著名争论相反，那时，正方基本上是主张“其实建筑，你也知道，建筑就是建筑。……安德鲁……他没有想到中国的建筑会背负这么多东西，而且都要在一栋房子里展现出来”，而这一回的正方，却主动给CCTV背负上这么多理论、思想和观念。但从网友的反映，公众对这些深不可测抽象而复杂的大道理似乎并不太感兴趣。一位网名nono2003的网友说：“瞧！这意义增殖，这么多的知识！让它建起来吧！ 建起来将会有一个新的专辑，又一期值得看的进步中的中国建筑杂志。……抽象的概念在这个世界开始占据更大的力量……美丑不重要了……意义的繁殖、话语的魅惑、力量的抽象，将我们分散。我们终于不再能将自己聚集成一束光，照亮那要照亮的地方。让我们卡通下去吧！个个都是打不死的英雄。”

■ CCTV-K 夜景
■ CCTV-K

liuting更加直率："想起毛主席老人家批评过的拿着大棒子唬人的理论家们。把一件简单的事说复杂，是现在建筑界和理论界一些人甚为拿手的本事！"ateache则说："光屁股走路无论理论上还是哲学上都说得通——所谓专业；光屁股走路无论常识上还是感觉上都说不通——所谓老百姓。"显然，公众并不想陷入到理论家的抽象话语里去。

可能出于保密的原因，或是正处在深化过程中，公众得不到内部布局的资料，所以有关CCTV大楼的内部功能并没有太多的讨论。曾有网友对库哈斯将大部分演播空间放到地下提出过质疑，但很快得到了理解，因为这种安排可以由演播空间严格的隔音防震防尘要求来解释。但人们觉得有人把这座建筑冠以"功能主义"未免牵强！topic说："一个所谓的'环'企图联系各个部门，创造所谓集体精神的期望纯属扯淡！试想，在中间部位相同楼层之间的两个部门，近得可以看得清相互的动作，老库却用一个……所

■ CCTV-K

谓‘环’的复杂交通来折磨他们，这叫‘功能主义’？”zb038300在“库哈斯VS伊东丰雄——CCTV到底哪个好”的帖子中认为，伊东丰雄的方案，与库哈斯的竖向体量相反——一个水平扩展的直径300m的大圆盘，足以以一层的的面积涵盖几块功能，增加了员工互相交往沟通的可能性。因为水平体系的交往机会和粘合性远远大于垂直体系，并有极大的自由度，具备了扩充与变更的弹性，比起库哈斯的“环”要更加合理得多。“很难在库氏的外在呈现环的建筑内部发现环。这是他鼓吹的此建筑的重要生命质量。也许，这只是他重要宣言的封皮而已，至多不过又添加了几张插页，内容早已不知去向。”可能正因为此，许多人认为库哈斯是以牺牲功能和结构为代价以达到某种形式的目的。

于是讨论更多注目于建筑形象。正方主要从形象的创新角度给方案以充分肯定。Archu说：“扭曲的身体让某些人觉得它不合传统的建筑静坐之美。可现代建筑从出现高低错落前后进退的不对称‘静坐’到挑、跳、冲、扭、舞、飞…各种建筑姿态的出现，动态美的形式不断涌现和发展”。华丹说：“选择库哈斯的这个‘扭动的怪物’，其实选择的是他从国外带来的新的观念和对建筑的新的认识和理解，是给我们久已荒废的创造思维的一次触动”。网上转贴的某刊物一篇文章则说：“文化氛围的适应也是多元的，如果因为北京是一个古色古香的老城就容纳不下现代化的、前卫的建筑的话，那北京的胸襟与气度就未免显得太狭隘了”。另一篇刊物文章的作者则称它是一座“英雄般的”建筑，是“狂野、大胆且富有冲击力的，在众多贫乏和平庸的摩天楼群中，呈现出独具创造力的存在。”有人则对类似“窗口”的造型给出了立意的解释：“一个既开向世界，又让世界看进来的窗口”。

但反对的意见可说是占到了压倒的多数。有人将它谑称为“歪脖树”，有人称之为“拐棍”，还有人甚至说它

“像个下跪的乞丐！”或加以更加不堪的称谓，这些情绪之词，当然都不必讨论。据笔者意见，平心而论，库氏方案的确是颇具雕塑感十分新颖绝不平庸的形象，竖立在城市中，会给人留下深刻印象。说它具有一种“英雄”性也不为过。将它比喻为通向世界的“窗”或“门”，也有一定道理。

网友也看出它确实具有类似德方斯大门的“门”的意味，但tadaoando评论说：“德方斯大门的惟一卖点‘延续’，在库哈斯的方案中却找不到答案”。的确，德方斯大门作为德方斯新区的标志，位在巴黎老城和新区分界处，与老区著名的凯旋门都在香榭丽舍大道上，遥相对望而为呼应，是老区向新区的“延续”。CCTV却没有这种意义，突然出现一座如此之大的门或窗，是缺乏说服力的。

方案的确具有明显的雕塑感，似乎是一座超体量的城市雕塑。建筑与雕塑，从来就具有不可分割的因缘，具有雕塑感的建筑如悉尼歌剧院，就是著名之例，当代的盖里，也以此知名。但“朝夕之旅”就此发言说：“如果是作为城市雕塑，我觉得那个地段还没有作为城市雕塑的合适条件”。按照通常关于雕塑或雕塑型建筑的见解，如果它的体量足够大，作为一个独立地段的标志，周围必须有一个足够大的广场（巴黎凯旋门、德方斯门、北京人民英雄纪念碑……）或空间（悉尼歌剧院、朗香教堂）；或者它本身是一座真正的雕塑，体量较小，只是一座或一批体量足够大的建筑的附属点示；最后，城雕一般都位在由城市道路形成的轴线交点处。但位在北京CBD区东三环南路路东的CCTV，却并不具备这些条件和必要性，那里楼群密集，空地甚少，又没有任何轴线的组织性，突然出现这么一座超体量的“雕塑”，也是没有根据的。

所以投了赞成票的评委严迅奇，带着最初就有的“为什么这个雕塑性强于一切的建筑，会能对北京新CBD的都

市环境，带来正面的贡献？”的疑问，一直到现在，对于“这个雕塑性极强的造形，到最后可否（像悉尼歌剧院那样）是一个建筑与创新结构形式的完美结合？”都还“未能完全摆脱心中的不安”。

建筑是一个巨大的体量存在，根据人心关于稳定的一般观念，总是上轻下重，上小下大，但CCTV却有着超大的悬出部分，显出一种颇具刺激性的但并不正常或者说不健康的震撼力，人们对此也表示出强烈的关心。“老陕”说：“如果开发这栋楼的那爷要在这楼里办公，他肯定不会把自己搁在那没腿的地方，因为他害怕哪天自己会坐在马桶上直接就进了地下人防”。是的，从心理学角度，不说是办公，即使走过那悬在空中200多米高的地方，哪怕结构工程师向人们作出如何的保证，恐怕是连脚步都要放轻的。Topic也说：“历史上的建筑，在任何一种视觉角度，都本能地要求获得一种形心质心同时穿过底面的稳定感，但这一体量可能例外。也许只有建筑师和结构师会心安理得地呆在下面”。

关于与环境的协调，网友也发表了不少意见。据笔者浅见，比起位在城市中心故宫和人民大会堂旁边的国家大剧院，CCTV的境况应该宽松得多。在地段四角，红庙已然无庙、八王坟也已无坟、大北窑无窑、呼家楼无楼，不存在与传统建筑呼应的问题，但它仍存在一个与环境协调的课题。设计者却以其飞扬跋扈的造型，无视东方人特别重视的与环境共生的心态而傲然独立。高傲的形象，与大众传媒理应更多呈现的亲民近民的格调，似乎也很不相称。Topic评论说："CCTV-K给整个区域留下了一个独特的缺口，强制性地使其他建筑处于从属地位。这跟历史上出现的众多曾引起争议的新建筑形式是一样的——'我就是中心'"，将对城市肌理构成极大的威胁。"Tadaoando也指责说："我不知道库哈斯为何会做出这样的一个方案，不用说他无法对任何东方文化作出解释，对北京这样的古都，中国这样的国度作出解释，就单从建筑师的基本义务和社会责任感方面，他都无法解释。一个最基本的最人性的生态要求都不能体现，还能算是21世纪的建筑吗？"

有人为这种状态作出的辩解是"在发展中协调，在协调中发展。在建筑形式的运用上，他尝试在高层林立的CBD区中创造一个不能明确界定的物体，一个模糊暧昧的形体。一个大约界乎于美与丑、实与虚、水平与竖直、动态与静态、过去与未来、意识与实践的混合物。一个充满了矛盾与妥协、发展与平衡的共同体"。但面对这一大堆语义含混"模糊"而"暧昧"的见解，公众似乎难于理解更无从认同。

对于CCTV整体上的新、奇、特形象，这位理论家在专业刊物上甚至为之作了如此新颖的辩护："建筑外部形体的不稳定性体现了当今中国意识形态的不确定性和社会快速变化的特征"（见《流动文脉——CCTV方案解读》，载《时代建筑》）。但看来也没有说服公众，Topic就坚持自我的一种朴素的标准。他坦率直言："包括大腕们的分析在内，如果是前几年，我会很情愿地糊里糊涂地看下去，但今天

■ CCTV-K

我不会了！美应当是一种本能，当这种本能丧失了，是很糟糕的一件事情。如果再凭借各种语言的、非形式本身的所谓演绎来掩饰这一切，那就不光是自己糟踏自己了。一个先天丑陋的东西，任凭你怎么说，白扯，老百姓才不会上你的当，他们会像我一样‘无知无畏’。娶个丑媳妇，傻老婆，什么神奇的语言能遮盖住马式的大脚？！”

笔者认为，总的来说，库氏方案还不能算是丑陋，但过于追求“惊险”，就显得浅薄了，这只要对比一下本辑介绍的盖里的作品就可以了。后者也具有极强的雕塑感，也可以说是新、奇、特，却并不违反人性。

Topic认为：“从系统构成的角度看，东西方古典的建筑构成，在结构上都近乎同样的有层次、丰富、连续成章，所不同的是它们在接近表面的层次上采用了不同的选择，也就是不同的但同样合理的构成系统，在我看来都是对自然的构成秩序的继承和模仿。而近年来西方出现的很多所谓先锋的建筑，在系统层次上不具备这种深远、丰富的内涵，其中比较好的虽有自己的一套构成系统，但不连续，缺乏层次变化，和外围的环境系统缺乏对应的接口（比如中国古典园林与大自然那种优美的映衬关系）。而很多糟糕的构成，连自己的系统都是残缺不全的，而冠以个性并在所谓‘概念’的粉饰下招摇过市！这些东西，逐渐地被所谓的专业精神接受，成了学子们的口头禅……”。Topic 进一步问道：“有个性，与众不同，难道这就是衡量是否具备专业精神的核心标准？”

Ateacher响应道：“常识——建筑如果不是为了美而做，那么建筑就不是为人的啦！因为美是人类公理——无法证明也无法否定——而否定这个公理的人却依然在买自己衣服的时候或者买自己家房子的时候或者点菜的时候挑三拣四——绝不买丑陋的！想想多少建筑师在欺骗自己的本能啊！同时又以专业为幌子欺骗别人！其实咬文嚼字没意义，Topic 说得对：常识的感觉才真的不骗人。理论（有很多种）？哲学（很多流派）？专业（无明确定义）？修养（依然糊涂）？——不骗人的是人本身的本能。

老百姓既是我们的服务对象，也是历史的评判者，因为老百姓是人，所谓以人为本。可惜几乎所有建筑学人都不研究市场调查和抽样调查，于是无法知道人的需求，而自以为自己就知道多数人的需求”。

进一步，对于所谓“先锋派”，多数年轻人也有自己的立场，有一位名为“什么大师”的网友发言可以作为代表。他说：“艺术（美术方面）很一长段时间停留在纸面上，直到新近流行起来的行为艺术（现在似乎不谈行为艺术的人就表示不懂艺术）。当我看到台湾某网站贴出‘支那人吃死婴’的照片以贬低中国人为劣等民族时，这些所谓行为艺术的照片深深刺痛了我的心。以所谓‘艺术’伪装的伪艺术可耻，它应该为它所带来的恶劣的社会影响负责。建筑也一样，不，它比这更严重。”他不无愤激地写道：“什么洋垃圾破艺术，去他的！”

CCTV是摩天楼，许多对之持异议的意见也围绕着这一点展开。Purespace1说：“在老派的欧洲人眼里，再也没有什么比摩天大楼更能体现美国人的粗俗和暴发户的本质了，它在实用性上乏善可陈，在美学上更是一种视觉污染，简直一无是处。今天的反对者则从人与环境的关系出发，把摩天大楼视为‘反人性’的存在。而心理学家们则发现，现在人们所患的许多焦虑、妄想等心理性疾病都与摩天大楼有关。从20世纪70年代以玻璃幕墙为外墙的摩天大楼出现以后，人们被刺眼的反光弄得心烦意乱。很多文学或影视作品也向人们展示了摩天大楼突然失火、停电的场景，来嘲笑这种怪物。此类麻烦的确不断，（如果不计入911—编者）发展到极致便是1993年2月26日纽约世贸中心两幢412m高的大楼底部停车场突然爆炸，楼内多处起火，电梯停开，到处浓烟滚滚，一片黑暗，近1万人的营救队伍花了9个小时才将在楼内办公的10万人营救出来，据悉有5人死亡。事后曾在世贸中心102层上班的切尔西小姐辞去了这份薪水丰厚的工作，去了新墨西哥州的农场。她说‘我一进电梯就会抽筋’。但在中国，一种似乎是根深蒂固的观念仍然狂热地把摩天大楼当作现代文明的标志而被颂扬，日益攀高且面目相似的摩天楼常常被当成是城市繁荣标志的首选符号。曾有上海人去欧洲一游，回来后直喊没劲，说欧洲的高楼还不及上海多。

■ 伊东丰雄设计的CCTV方案

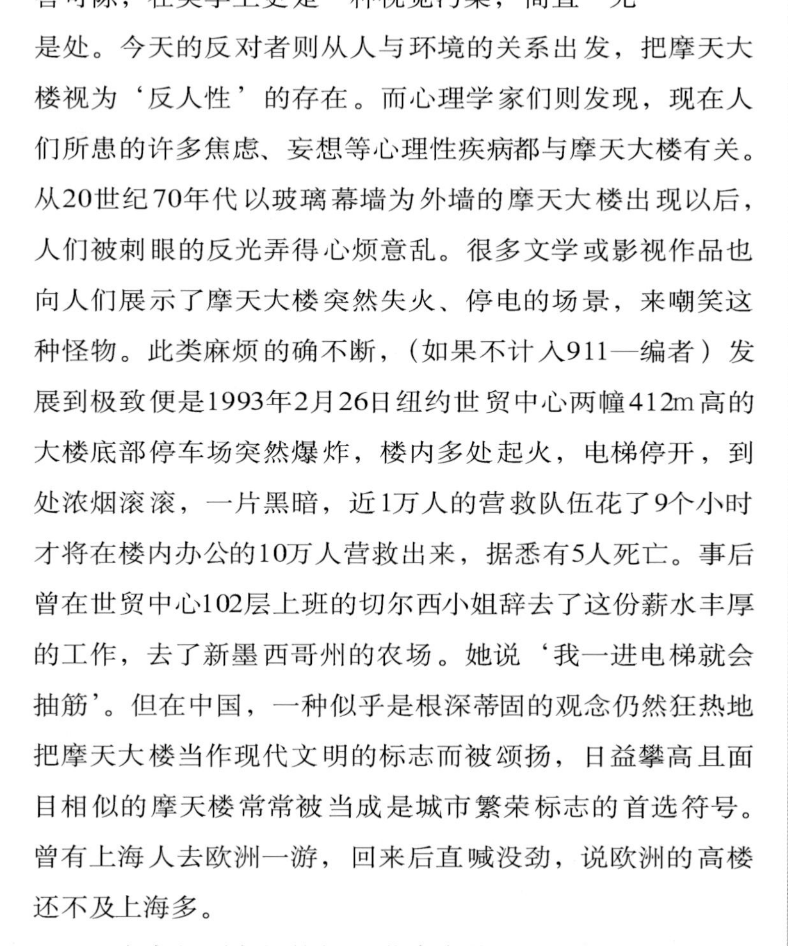

一个未经证实的数据是讲述金茂的，金茂大厦仅日常的管理维护费用每天就需100万元人民币。两架擦窗机一天到晚不停地擦，擦完一遍窗需时一年。建筑专家们说，超高大楼建成的前5年是黄金期，随着时间推移，风险系数会越来越高。……而根据专家的统计，城市人中有超过9成的人患有恐高症。”

zb038300也说：“我们不再需要以高度来衡量伟大和信念，同时，也不需要津津乐道凌驾于人民之上的标志建筑。这种标志性快乐着人民。某种程度，这种快乐已经成为大众得以愉悦的鸦片，海洛因和摇头丸。在快乐的悸动中，城市的活力一步步损耗。”

他们的意见，显然不但对于CCTV，更对于如今各地风行的摩天楼热，同样具有意义。

■ 伊东丰雄设计的CCTV方案

为此，有人为着重于横向扩展的伊东丰雄方案之落选表示不平，称之为“输在低层，赢在高层”。

讨论中，可以看出网友们对建筑师责任的高度自觉也体现在经济问题上。网友Hhsw尖锐指出：“总投资达50亿元人民币，就因为是两个‘Z’字形扭在一起而不是两个‘丨’，前者建造的费用可能要比同样容量的后者多30%，而建成以后日常的维护费用也将更高。这是什么概念啊！其他不说，这完全可以节省下来的15个亿，能够做多少事情啊！（请回想一下北京西客站那座中央大亭曾引起的愤慨，而那只不过多花了几千万——编者）……倘若要问央视，你哪来那么多钱？它一定会理直气壮地反问你，你知道我每年有多少广告收入？你大概听说过‘央视标王’吧？那可是以亿为单位的，我能没有钱吗？当然，谁都不会怀疑央视的钱是来路分明的，央视的回答在许多人看来也是一语中的的。可是再问央视，你为什么会有那么多的广告？……它会告诉你说，我的频道多啊，我的收视率高啊，我有全国90%的人口覆盖率，有超过11亿的观众啊等等。要是再问下去，你为什么会有这么多的观众啊……这么多被你‘锁定’的观众看的是你的哪些档节目啊？为什么要看那些档节目啊？那些档节目别人有吗？要是有，为什么与你有谁先谁后的区别啊？如果没有，为什么会没有啊？……恐怕就没有那么容易回答了。……如果以为自己有钱就可以为所欲为，可以不顾同胞百姓的声音，那是不负责任甚至不道德的表现！”tadaoando 补充说：“SOHO现代城就是一个活生生的例子，够前卫、够酷，主要是因为够‘贵’，才使得暴发户们趋之若骛。潘石屹做世界建筑师画廊，他就说过，越贵的越是好卖。从社会来看，大家都知道，在第三世界的中国，有亿万农村的孩子上不起学，有亿万工人下岗，家里揭不开锅；也有人可以把成捆的钞票烧掉，可以买几千万一栋的别墅，可以用几十亿元去造一个剧院。这是一个贫富分化严重的社会，奇怪的就是越是穷，越是奢侈。”

据本人浅见，为了造型，有时是会要多花一些钱的。个人有钱，只要不犯法，怎么花咱们管不着，但出自老百姓的钱，还得有个度才行，何况还得考虑央视的公众形象呢！

一些网友从文化背景的角度解析问题。purespace1说：“这里需要注意的是库哈斯来自于荷兰这样一个差不多欧洲最西北的小国，在这里——妓女可以在橱窗表演，毒品可以在咖啡店公然品尝，同性恋可以申请结婚……在荷兰这样一个没有什么‘正统’概念的国家，不存在占据控制地位的事物——只要是可能的，就是可以的。这就不难理解荷兰建筑师的作品让人费解之处：窗子开成26个字母，地板可以作成斜面，柱子刻成学院的名字……当其他地区的建筑师谨慎地用理性考问自己‘为什么要这样？’时，荷兰的建筑师问的却是‘为什么不可以这样？’同样，对于传统文化，荷兰人会说：为何我的设计必须屈从于传统呢？……千奇百怪的现代建筑占据了荷兰城市和乡村。

……库哈斯的想法几乎完全正确！但这只是在荷兰。在亚洲，他的理论却注定要受到强烈的阻击。

我们知道，客体对象的价值取决于于主体的价值赋予。如同一把普通的小刀，在土著眼里，胜过一块价值连城的钻石。在亚洲（其实远不止亚洲），自身的传统文化被赋予很高的地位，这一点不难从各国政府竭力提倡中看出来。传统文化受到珍视的原因在于：首先，它的存在且顽强地延续是我们适合生存延续的表现。其次，它是我们的父辈传下来的（这一点也很重要，东方人对自身价值的评定不同于西方人对个体的过分关注，对于东方人来说，个体只是集体或者世代延续的一个环节），自身的传统文化占据着如此重要的统治地位，以至于任何外来事物都被视作一种挑战。即使在无可抵挡的全球化浪潮的冲击下，也依然顽强地寻求一席共生之地。”

但对于这个问题，一位理论家却另有一套看法，他说：“到了20世纪90年代以后，文脉的概念又是什么呢？个人以为，在全球性商业化、信息化、流动化的社会中，城市所处文脉的概念应理解为操纵社会发展的资本、权力、资源、劳动力、科技等一系列流动元素，而不仅是历史遗留下来的乌托邦式的意识形态。因为这些元素才是真正推动社会运动的主要力量，传统建筑理念中的一切指令在这个力量前显得如此无能为力。……只会使建筑仍停留在乌托邦的理想主义中”（见《流动文脉——CCTV方案解读》，载《时代建筑》）。这句话说白了，是不是说谁有钱谁有权谁就掌握了“文脉”呢？钱和权都是“流动”的，所以“文脉”也是流动的，大概这就是所谓“流动文脉”的真意吧？目前中国经济发展走的是“精英”之路，出现资本和财富高度向少数权力者和强权集团集中、向海外大资本手中集中的趋势，两极分化非常严重，那么，体现出这种“文脉”而不必再管什么“乌托邦”，也就是天经地义的事了？

关于这些以及传统，是一个很大的题目，不能在这里多所涉及。

也有一些网友就决策体制发表了自己的意见。香港建筑师严迅奇，这位自述“一向倾情理性建筑”的评委坦言，他参与评审的过程就是“一场心理挣扎的历程”。一开始，“心底里即产生了本能的抗拒，以及一连串的问号……到今天仍是未能找到答案”。但他却投了赞成票，因为在评审的第三天，他忽然“有一个醒觉：库哈斯的设计，根本上是不能（或许是不应）问为什么的。”他的意思似乎在说，这是一座非常规的建筑，是不能用一般的标尺衡量的。

库哈斯自己也说：“这一建筑也许是中国人无法想像的，但是，确实只有中国人才能建造。”

这使笔者注意到“绿野仙踪”的发言：“想起了做过国

家大剧院投标的意大利建筑师Vittorio Giegotti的一段话。他说通过自己方案的落选，使他明白自己在中国犯的错误——中国现在是一个急于摆脱过去，不愿意提起过去的时代。他们急于要让世界和国人看到经济高速发展的成果。他们需要最新的东西……所以他们会接受一个蛋。”tadaoando也说：“库哈斯是个绝顶聪明的人，他善于抓住中国评委和领导人的心理和审美特征。他这次的投标作品与他在欧洲的项目质量相差万里，简直就是拿亚洲人当儿戏。他知道中国需要提高国际地位、扬名立万的建筑，而且也知道普通第三世界广大人群的整体审美趋向，比如高技、前卫、夸张、解构、冷冰冰、酷，尤其崇尚‘奢侈’——这与潘石屹的理论研究有异曲同工之妙。”“朝夕之旅”直斥这是崇洋思想的产物：“外来的和尚好念经，这是国人的本性。金发碧眼者发表的意见在业主和同行那里得到的尊重，远远大于中国建筑师。”

这种感觉远远不只网友们有，从2003年6月25日出版的《设计新潮》第106期上，我读到了北京院柯蕾的担心：“国外建筑师们……瞄准中国特有的社会体制，迎合中国人急于摆脱过去追求新特奇的心态，设计出在其他国家不可能实现的东西，使他们自我以及客户的欲望暂时得到满足，而形成对整个城市形态环境、文脉延续不负责任的建筑”。在这期杂志上，还披露了2002年10月德国人冯·格康在中国举办“在中国从事建筑设计”展览时说过的一段话：“我认为只有故宫、天坛和长城是不可替代的。不客气地讲，北京的现代建筑没有一个是尊重传统的。……说实话，我非常欣赏中国传统的建筑风格，但现在北京的建筑在我的印象里，完全是美国化的，就像是鸡尾酒。我看到太多的北京建筑在追求一种表面化的东西。”他善意地指出：“那是不健康的，建筑设计的出发点应该是考虑和当地的历史与传统的关系。”

警惕本土建筑文化记忆的丧失

吴晨*

上个星期，清华的一些师生参观了屋架已近完成的国家大剧院施工现场。回来后，我听到最多的一个词是：吓人！一个学生告诉我："虽然在表现图上它的体量并不张扬，但是看见实物，和人民大会堂比起来，尺度真是吓人，与天安门广场格格不入。"

再过两个月，"鸟巢"就要动工了，据说，CCTV的那个"扭曲之门"也正在不露声色而热火朝天地备战。再过两年，人们也许会麻木于这种"吓人"的感受了，因为北京，从国家大剧院开始，这种冲击我们视线的建筑越来越多。

大家都认同这样的观点，建筑是一个城市记忆的载体。因此现在很多人担忧：北京这座古老的城市，正在慢慢失去她的记忆。

我认为，城市是不会失去记忆的，只是目前的这份记忆并不美好，并不能让我们引以为傲，而带给我们的是一份羞愧、一份难堪、甚至是无地自容。我相信，当我们若干年后，看到这些所谓大师作品已经从空中楼阁成为现实景象的时候，我们的记忆将会像是被揭开的伤疤。而所谓大师，正是这些伤疤的始作俑者。

所以，我呼吁：不要让北京成了外国建筑师的试验场。

试验场的说法引起了很多争议，有人质问我：北京难道不能成为试验场？那么只能再建四合院了，任何新风格的建筑都是对城市的试验。

我说，任何城市都是在建筑的试验中发展的，北京当然不能只拘泥于老祖宗留下的四合院，我们还要给我们的

* 作者：建筑师、英国泰瑞法瑞建筑设计公司（TFP）中国区董事。

本文转载自2003年10月30日北京青年报，题目及内容有所修改。

后代留下一些新的好东西。

那么，既然是试验场，让中国人试验与让外国人试验有什么不同呢？而且，外国建筑师的经验与成就比国内建筑师要大得多。

这种说法，正是让我觉得把北京变成外国建筑师的试验场的最可怕之处：我们为外国建筑师创造了如此肆无忌惮的条件，让他们拿着我们的土地和财富去做试验。而中国的建筑师，谁能具备这样的条件：用想像去挑战技术，用花钱的手段来解决技术。

这几乎已经成了北京标志性建筑的一种潮流：用建筑去挑战技术，似乎这就是好的建筑了。而其实质是：花钱。

这种思潮又是从国家大剧院开始的，水上漂浮的钛金属的壳子；然后是CCTV，悬挑70m；还有“鸟巢”，那个所谓“形式即结构”和“形式与结构完美结合”的“巢穴”，而在那框架中，又有多少是无效的只起装饰作用的构件，但是却一样需要大量昂贵的钢材。

悬挑70m啊！确实，只有库哈斯想到了。确实，中国建筑师没有想到，但是哪一个中国建筑师敢于这么想呢，谁敢于用空想来来说服业主挑战技术，谁能靠空想得到巨资的支持来解决这些空前的技术，造出一幢空前的房子？

当技术被挑战之后，再把一个哲学的标签贴上，便成了大师的杰作。甚至，这个标签都不用大师自己去贴。从“鸟巢”中看到故宫神韵的其实是我们中国人。然后，我们解释——民族传统与现代的完美融合。

外国建筑师自己也很明白这点，套用库哈斯的两句话，一句是：建筑的全部含义在于和别人打交道。还有一句是：“这座建筑也许中国人无法想像，但是，确实只有中国人才能建造。”

所以，安德鲁来了，库哈斯来了，赫尔佐格与德梅隆也来了。他们带来的是什么呢？是他们的文化，他们自以为先进的建筑理念。确实，他们是满怀着激情与冲动将他们的价值与文化观念强加于我们的，但是这种冲动，对于我们来说，也正是本土文化记忆丧失的开始。而背后隐藏的则是异域文化的强行侵入。

我用了这种说法，并不是危言耸听。很多在建筑文化上属于弱势、或者曾经属于弱势的国家或者城市，当他们在腾飞时期进行大规模城市建设的时候，大多会经历这样的阶段。印度著名建筑师查尔斯·柯里亚就曾提出，警惕在建筑文化层面的殖民化倾向。

而在这种带有强迫意味的观念输出中，我们失去的是什么？是民族的文化。

文化是一个民族最为珍贵、最为本质的灵魂。所以，民族文化的进步不仅要受外部影响，更要在自我更新中保持特色。任何一个局外人，他不可能对异族文化有着切肤之情，更不可能深入精髓。对民族文化的理解是渗透在血液里、骨头里的。皮层上的理解，只能造成水土不服。

因为建筑不是孤立的，他们要融合于环境、融合于城市、融合于我们的生活。很多中国人不喜欢国家大剧院，在中国，只有坟墓才会造得要下台阶进入；还有鸟巢，施工图都没有做出来呢，有关部门已经在组织专家研讨未来的清洗费用了。

为水土不服付出代价的，因水土不服而感不适的，只有我们这些要消纳这些建筑的土生土长的人民。

而对于这种倾向的推波助澜却正是我们当中一些土生土长的人。一些官员、一些学者、一些建筑师、特别是有一些年轻的、受过西方教育的建筑师，是用一种聒噪的掌声在中国捧红了一个又一个大师，把大师们推崇到他们远远没有达到的高度。

大师们利用了这一点，他们是如此肆无忌惮地试验着他们的想法。CCTV是库哈斯第一个大项目，国家大剧院也是安德鲁的尝试。而我们，是带着心甘情愿的崇敬来迎接大师的试验，并创造良好的物质和舆论条件。钱不够，加！有不同声音，置之不理！

如果说，大师们的试验是一种异域建筑文化肆无忌惮的输入，那么我们的俯首贴耳就不能不说是一种对他们的自觉接受了。其结果是，慢慢地我们用外来的观念来观赏建筑，用外来的思维方式来思考建筑，而北京，与过去相比，确实不再是千篇一律了，但是她却满身是法国的影子、瑞士的影子、德国的影子……惟独没有了北京的味道。

所以，我为北京的记忆担忧，我们为现在建筑的风气担忧。

我们不反对国外先进的技术和理论在中国进行创造，但是一定要结合中国国情，反对无端地对异域建筑文化的俯首称臣；我们不反对向国外的卓越大师们虚心学习，但是我们要警惕本土建筑文化记忆的丧失。在这里，我还要重复印度建筑师柯里亚的告诫："警惕在建筑文化层面的殖民化倾向。"

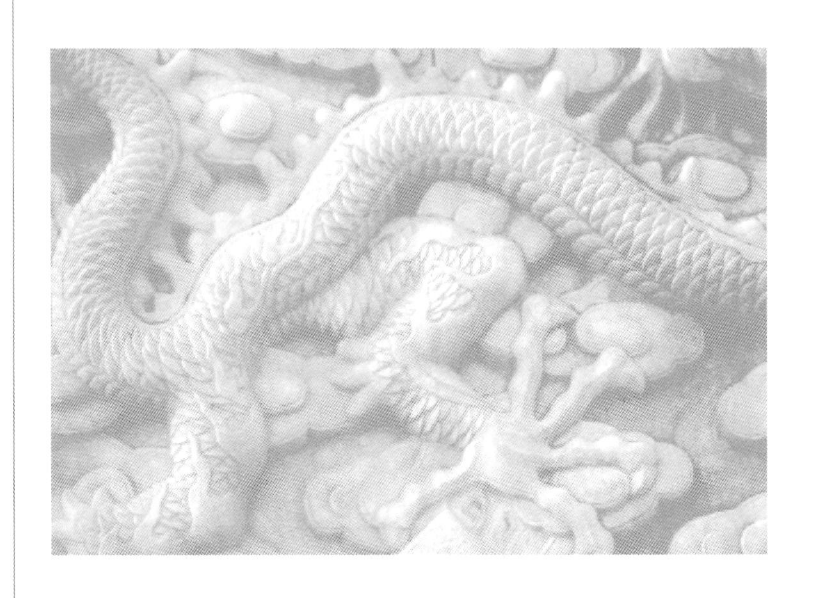

一座将在杭州出现的恐怖城堡

刘维尼*

5月16日晚上，本打算着手写一组关于517电信日的稿件，上网的目的是收集资料，没想到一张令我震惊的图片映入眼帘——杭州将要建造的“新标志性建筑”。（见下图）

不明白因为什么，特别具有人文性艺术性的建筑学却是从中学理工分班中招生的。刘维尼从小倾情人文，又数学极差，只得抱憾于门外了，但非常喜欢读相关的文章、图片。梁思成先生的《中国建筑史》顶礼拜读过不下3次，清华建筑系的两位教授陈志华、楼庆西的《西方古建筑二十讲》、《中国古建筑二十讲》，还有如《萧默建筑艺术论集》

■ 杭州“梦幻城堡”

* 作者：北京晨报记者。

等也悉心收藏了几种，对世界上的建筑精品还能历数一二。

新浪所显示的将要成为杭州新标志性建筑的是一座类似电脑游戏中的沙丘魔堡似的怪物，据说是什么国外的建筑大师“超智慧的理念”的结晶。看到这座城堡的壮观和鬼魅气，刘维尼顿感痛心疾首：这哪里是什么标志性建筑，分明是对中国文化完全亵渎的毁灭性建筑！

不知你是否留意：在当前中国，在古建筑保护与城市发展的冲突中，牺牲的往往是前者。改革开放20年来，以建设的名义对旧城的破坏超过了以往200年。旧城的破坏业已成为20世纪中国城市建设者们最短见的城市行为。中国城市越来越相像了：一样标识一样风格的连锁快餐店、银行网点、星级酒店，一样的玻璃幕墙，一样的把所有高楼和商业街都挤在市中心，一样的中不中、洋不洋的模式……

不光是杭州，全国很多地方，包括国家大剧院，还有别的相关设计（可以参考一系列报道），非常多的，一水的全出自外国设计师设计，难道中国建筑师都死绝了吗？中国的建筑文化都泯灭了吗？

曾经在清华建筑学院旁听过几堂课，教授讲的那段话至今振聋发聩：能有谁说面积达到16万m^2，1407年开始建造，13年即全部完工的北京紫禁城，还有嵩岳寺塔、佛光寺大殿、应县木塔、布达拉宫、苏州园林，以及包括唐长安大明宫和敦煌壁画中无数建筑形象在内的中国曾经有过的建筑，不是世界建筑精品里的精品？

我为杰出的中国古代建筑师感到悲哀，不孝子孙就是这样谄媚地又将八国联军请进了城，重新破坏祖宗的文化，中国的大好河山！

我不知道跑到中国来给中国设计“标志”的外国佬何德何能，也不知道他们是什么人请进来的，从中能得到多少好处？只知道请国外的所谓建筑大腕来给做设计好像已经成为一种时尚。不管什么建筑，就一定要搬出洋人。不管外国佬是否理解中国的文化和熟悉当地环境，就认定他们即使闭门造车也能够拿出超过中国建筑师的惊人杰作。

杭州是刘维尼非常喜欢的一座城市，与其他的江南城市一样，建筑风格处处透露着小家碧玉的感觉，惟恐哪里有什么闪失，就破坏了整体的情趣。至今还完好保存的胡雪岩故居，还有梁思成先生曾做出的六和塔初建时的复原设计，就体现了那种精致、从容大度和文雅的品质，它们才是杭州文化的标志。杭州也不乏刚健的一面，钱塘江大桥从六和塔边飞架南北，塔竖桥横，阅古通今，气势非凡。杭州城北的拱宸桥为石砌多孔拱桥，也气势恢弘。新建的杭州火车站、黄龙饭店，则不失既新颖又具地方风貌的设计。

而那座恐怖的魔鬼城堡在六和塔下，只能算是一个跪在祖爷爷跟前的不良少年。

我再次悲哀，想到现在全国弥漫着一股人造景观热，各地大兴土木，不惜以破坏城市生态和民族风格为代价。有的单项投资就超过数亿元，仅这位不良少年就要花掉15个亿，而国家每年下拨给750家重点文物保护单位的“专项补助经费”总共也才只有13亿。

是啊，很多地方的当政者已经对工程小面积少的“小东西”看不上眼，只对上万平方米、造价上亿的大建筑感兴趣了，大概从中有很多环节都可以获得丰厚的“回报”。像纪念碑、纪功柱、柱头、华表、牌坊之类精致的东西他们做不来；像帕提农神庙、王维的辋川别业、赖特的流水别墅之类“螺丝壳里做道场”的功夫他们没有。他们只要高大、宏伟、气派，无论是不是有用和设计是如何的粗糙、拙劣，比如世纪坛、世纪钟什么的。

当建筑已经异化为“政绩”时，吃祖宗饭，造子孙孽的事便时有发生了，这是刘维尼从中悟出的道理。

附：

网友关于杭州“梦幻城堡”的讨论及“洋设计”之风

《建筑意》编辑部

关于杭州“梦幻城堡”，首见于网友JI的报道。

他说：“见惯了明亮却略显刻板的宾馆，当一座如梦似幻般的城堡闪烁在眼前时，你是否会难以置信？它的一楼有精美绝伦的雕塑和贵宾休息室，要进入餐厅得通过时间机器，它的地下室则集中停车、会展中心和洗衣房等三大功能。它集游乐场和酒店功能于一体，将耗资15亿元。今年9月，杭州将开始建造2006年世界休闲博览会的主体建筑——梦幻城堡。筹建方杭州宋城集团声称，这将是中国第一座超五星主题酒店。

宋城集团请来了美国最重要的酒店和娱乐场所设计师之一——威尔登·辛普逊。他曾经主持设计过世界最大的酒店米高梅大酒店、世界最大中庭的金字塔大酒店等重量级酒店。

辛普逊对梦幻城堡的设计灵感来自于马可·波罗的中国之旅以及设计师在1994年所写的书《灰风精神日记》，它包涵着设计师对中国古代西域海市蜃楼般的理解和对人间极乐场所的多重想像。

城堡建成后，总建筑面积为13万㎡，占地面积达200多亩。城堡的主体是两个金字塔外表的双塔（编者按：双塔其实与金字塔相距甚远，而更像北印度的印度教悉卡罗式高塔），北高南低，中间以廊桥相连，塔楼最高处接近100m。在休博园大门口乘上贡多拉（威尼斯式小船）可以沿水路直接划进酒店大堂。城堡的每一层都将有一个别致的“幻想”主题用来介绍全世界的名人、胜地和趣事。它拥有客房多达1000间。有一个2.5～3万㎡的超级会展中心，将成为酒店的中心。

看到设计蓝图，杭州市旅游委员会崔凤军副主任十分激动，他认为，梦幻城堡对提升杭州城市品牌的作用将不可估量，它将保证2006年杭州的世界休闲博览会顺利召开，对杭州成为国际会展中心这一目标有很大的推动作用。”

在全部超过40人次的发言中，有6位网友持比较明确的支持态度。他们认为：这个设计“果真与众不同”，好就好在“让人感觉离自己很远，不是现实中能存在的，可以说是很遥远的天堂”，“有童话般梦幻的感觉，我相信女孩子一定都喜欢”，“无法不让我联想起20世纪初的建筑师们对工业时代的乌托邦的幻想”，“城堡的美在于有机的立体错落（我感觉人们从内心深处厌恶那种鞋盒式建筑）”。对于建筑文化地域性的努力，有的网友感到“城市也许真的无法避免地会走向趋同。我们所做的为了保持地域性的努力也许真的是徒劳的”。“杭州就是这么多元，就是这么包容，就是这么伟岸，就是这么与时俱进！”

网友twofat对待这一类建筑也持比较宽容的态度，他说：“中国人民，特别是中国的领导现阶段猎奇的心理很重。这对于建筑师来说，也许正是个机会呢！如同好莱坞电影的固定手法一样，情节最后的奇观性高潮所产生的诱惑对全世界都适用！神圣家族教堂，悉尼歌剧院，奈良塔，世贸重建，CCTV。天生一些建筑师是奇观建筑师，他们的趣味在此。正是他们先辈的努力，玛斯塔巴才变成了金字塔。当然，他们的趣味绝不一定比我高明！”

有38位网友表示坚决反对，所持理由大致有以下几点：

1.与杭州的自然和人文环境太不协调。“杭州是一个基于自然山水建设的城市，如果将来提起杭州想到的却是这样的梦幻城堡？是幸还是不幸？”“杭州＋江南水乡＝魔龙居住的城堡？我不敢相信自己的眼睛——今天是愚人节吗？”“多年以后人们提起杭州不再是西湖，而是什么梦幻城堡！……我并不反对建这样的东西，只是能不能离杭州远一些。中国老祖宗的东西很少了，不要再去糟蹋了……我怕！”“那些人正糟蹋着杭州美丽的山水！”“杭州成了拉斯维加斯？”“誓死保卫杭州！”

网友gxlice动情地说：“看到这个项目，我真替杭州的市民们悲哀。大家看看吧，一个优美的杭州已经离我们远去。……这样一个建筑能与杭州相配吗？杭州的普通百姓能用得起吗？大家可以想到只有谁会在那里面潇洒。我坚决反对建设这种垃圾建筑。杭州夺去了我最心爱的人，但我喜欢生活在这个城市里的普通百姓，因为我也是一个普通的人。”

2.形象恐怖、庸俗、丑陋。“在杭州建造这样的建筑实在是恐怖！”“突然让人想起了‘指环王’里的黑塔楼，童话还是噩梦？”“怎么像‘骇客帝国’3呢？”“好像很多电子游戏里的房子都比这好看多了”，“就像卡通里看不见太阳的世界末日，恐怖！”“酒店是需要一点俗气的，但不可过俗，此酒店就有点过俗了”。有的网友用“搞笑！恶心！恐怖！杀人啦！救命啊！英雄，放过我们吧！拜托了”，“不敢想像！”“想恶心死我们吗？”“疯了”，“一个字：恐怖！哦对不起，是两个字！噱头而已！”等一些短语，表达了自己的意见。

3.中国不应该盲目模仿西方。“西方的城堡离现在有多少年的历史了？……我认为中国不应该建造这个建筑。我们难道不能建造富有自己特色的建筑吗？为什么学西方的过去？”“这简直就是个垃圾。把在国外建不了的东西，也不管中国的人文环境，就生搬过来，真是中国建筑界的一大耻辱！这是一种新的殖民建筑！”

4.不少网友对主管方面提出了直率的批评：“主管的业务水准之低简直不可想像。说它俗，已经很客气了”。“中国没文化的管事人太多了”，“只能说那些主管脑袋进了水。稍有一点头脑的人都应该知道这样的东西放到中国任何一个有历史的城市都不合适，一个如此庞大而又无知的工程。感觉中国现在真的变成试验田了”。“杭州有些人只会这么干，他们要的只是政绩而不要别的”。“不用多说，兄弟们，看来我们中国（某些）人就是崇洋”。“什么中国第一！谁不明白是为了赚钱！邀功！

国家面貌在少数人手里搞得乌烟瘴气！”

似乎是讨论的总结，网友angelcherry在他的题为“‘洋设计’风越刮越旺”的发言中，对“洋设计”现象作了较多的论述：

“中国标志性建筑采用‘洋设计’不是新鲜事。有报道指出，就北京来说，标志性建筑九成是国外设计师参与或设计的，“洋设计”在中国的建筑业已成为一种时尚。前段时间，备受人们关注的国家大剧院在采用法国设计师保罗·安德鲁设计方案时在建筑圈里引发极大争论。国内建筑专家认为，国家大剧院所采用的‘洋设计’，巨型壳体的顶端已经高达45m，仍无法满足舞台上部的高度需要，设计思路是把舞台与观众厅向下压，造成舞台台面的高度为地下7m，基础深达24.5m，这样就必须挖一个很大的坑，造成人力、物力、财力的巨大浪费。他们认为，这是一个极少见到的违反常规功能的设计。

……城市风貌需要民族的灵魂，北京的城市文脉正在消失之中，原有的城市格局和城市文脉所剩无几，如果古城中心再来一个‘未来派’外星建筑，那就真是雪上加霜了。尤其是北京市这两年来正在大力恢复这种文脉和历史文物建筑，我们应该全面配合，逐步恢复北京原有的引为自豪的特色。

造价过高也是国家大剧院设计方案受到质疑的一个重要原因。……目前中国的国民生产总值仅及美国的1/4，如果要建一个比美国林肯中心还要贵4倍的世界最贵的大剧院，就等于让国民多负担了16倍的费用。

但时下，从奥运场馆到CBD建设、从世博开篇到文化建筑、从城市规划到住宅布局，中国建筑设计市场的‘洋风’却越刮越旺。

还在奥运场馆设计刚刚开始的第一拨儿选择中，美国SASAKI公司与天津华汇工程建筑设计公司的合作方案——‘人类文明成就的轴线’拔得头筹，被确定为北京奥林匹克公园的规划实施蓝本。

接着，五棵松文化体育中心选定了瑞士建筑师的方案。

上海成功申办2010年世界博览会，在不少人准备和期盼着有机会参与世博展馆的设计和建造的时候，第一桶金却早已落入法国建筑设计事务所的口袋。

在北京CBD商务中心区建设中的‘奇思妙想奖’也属于外国人——来自荷兰大都会建筑事务所的库哈斯。

2002年12月12日，北京电视中心开工建设，日本建筑师再次涂抹北京标志性建筑。

甚至一些高级住宅也出于各自不同的目的，加入到追寻‘洋设计’中来了，例如目前中国大陆定位最高、售价最贵的(达人民币1.3亿元)的花园别墅上海紫园1号，就正在考虑邀请澳洲五合国际建筑设计集团设计。

采用‘洋设计’一时间成为中国建筑设计行业的头等大事。

‘试验田’该停一停了。仔细对比就会发现，境外设计作品并非都是上乘。

建筑是城市的结构细胞，建筑设计的品质关系到国际大都市的城市形象。以上海为例，20世纪80年代以来，境外建筑师与上海建筑师合作，为上海城市建设作出了卓越贡献，设计了金茂大厦、上海大剧院、上海博物馆等一大批精品建筑。但我们应清醒地看到当前的城市与建筑既有精品，也有败笔。特别是风靡当前的一股‘欧陆风’正越演越烈，误导并破坏了国际大都市的形象。这股风甚至也吹向了政府公共建筑，如某市代表国家政权的法院竟然照搬美国国会大厦，毫无创新，而是倒退。如果说面向21世纪的国际大都市的建筑直接照搬西方历史上的建筑，甚至是数百年前建筑形式的拙劣模仿，怎么能说与现代化中国的城市形象相称呢？再看北京，长安街两侧，二、三环上已竖起和正在竖起一些与境外合作设计的新建筑，也并非都是‘上品’，其中既有世界级大师作品，也有对中国国情体会不深不透者的‘下品’，更有鱼龙混杂的境外冒牌设计大师及所谓名设计所。

问题在于我们不少人太喜欢‘洋设计’了。学习西方本无可非议，但可怕的是乱来！一些建筑师的作品表现出太多的商业化味道，缺乏建筑基本美学功底。有的过分强调前卫，而失去了中国应有的东方特色。曾经有人说，现在的城市互相越来越像，疯狂的西化会让中国的城市不中不西，不伦不类。现在看来，这种担心不是多余的。

据统计，自1991年至1996年间……在上海重大项目中标的约有30%方案是境外建筑师所作，于是，有人将上海的几家较大的设计院称为‘配合型设计院’。现在，北京也陷入了这种境地，北京的几大设计院也都成了‘洋设计’的‘配合型设计院’了。……但在上海活动的大多数境外建筑师都是商业建筑师，国际一流的建筑师只占相当微弱的少数，可以载入史册的建筑在数量上和质量上更少得可怜！”

富于戏剧性的是，在讨论接近尾声时，原先以“客观”的态度首先报道杭州“梦幻城堡”的网友JJ，也发出了自己的评论：“愚乃一迫于现实而苦苦挣扎于当前商业大潮的建筑佬，做过很多有违本性的东西。我也很希望能有一些真正的机会，做一些实在的东西，能自豪的对人宣称有我的想法的东西。但急功近利的社会也同时塑造着急功近利的我们。……在作品的创作过程中创新固然重要，但融入周边氛围，协调好大环境是更重要的。……现在一个很不好的现象就是每位业主都逼着各家设计院拼命搞得标新立异，到了后续设计和施工阶段又往往因时间和费用问题而做得不到位，弄得不大的一块城区就山头林立，争奇斗艳，不仅没有地域特色，又没有整体的美感。……我认为规划主管部门要尽到自己的责任。规划控制不仅仅是容积率等枯燥的数据，也不是标志性建筑和大广场等立竿见影的政绩，更应把好城市设计的关，尽量避免现在某些放任自流的做法。否则留下的只会是遗憾。”

编后：据近悉，“梦幻城堡”的设计方案在杭城诸多媒体闪亮登场7个月之后，这座号称准备投资15个亿的“云中之城”已经“斗转星移”，决定停建，代之以一批东西方风格的建筑和一个拥有五星、四星、三星酒店的“酒店群落”。

文化催生下的城市新建筑
——广州歌剧院设计竞赛方案简介

冯萍*

《中国房产报道》在描述今天的建筑行业时说："悠久的历史与深厚的文化最具竞争力"。的确，文化不仅记载传递着千百年来的文明智慧，更记录着人类对文明的探索，也是城市和建筑独特魅力之所在。无论巴黎还是罗马，都是以其独具特色的历史文化和高度发达的现代气息巧妙融合而享誉世界。其中，文化产业当更具重要意义。作为全球公认的最有前途的产业之一，文化产业也被专家预测为21世纪中国经济的支柱产业。

在中国，率先提出"文化产业"概念的广州，将要与北京、上海一起，构成我国文化产业的三个发展中心。然而，就是这个有着2200多年建城史的南越王古城，有着独具岭南特色的粤剧、粤菜、粤曲，有着岭南文化中心地、海上丝绸之路发祥地、近现代革命策源地、改革开放前沿地之称的广州，在面对今日文化市场的需求时，未免露出了尴尬的一面。近年来因演出场地的限制，广州屡屡与众多来华的世界著名艺术团体、艺术大师擦肩而过；有120名演员、68只天鹅上台的"巨无霸"版本的《天鹅湖》不得不"缩水"演出。这些，都给广州市民造成很多遗憾。为了改变广州与世界一流高雅艺术无缘的局面，努力达到"文化广州"的目标，广州市决定建造一座与北京、上海媲美，达到世界一流水平的国内第三大歌剧院——广州歌剧院。

拟建的广州歌剧院濒临珠江，坐落在广州城市新中轴线上，与规划中紧邻其东的广州博物馆、北面的第二少年宫和东北的广州图书馆、南面的海心沙人民广场，共同构成为广州最重要的文化核心，它的建成将提升广州的整体

*作者：北京建筑工程学院教师。

文化品位。歌剧院总用地面积约4.2万m^2，总建筑面积约4.6万m^2。为了使歌剧院在声学、视觉效果上达到国际普遍认可的效果，广州歌剧院并没有国家大剧院那么庞大，其观众席仅1800座，可以保证歌剧演出不用话筒，完全为自然声。此外，歌剧院还设有4000m^2的前厅及休息厅，2500 m^2的多功能厅和其他辅助与配套设施，工程总造价（不含地价）约8.5亿元人民币。

工程的整个筹建工作颇为慎重。早在1999年，广州市就举办了第一次歌剧院国际招标；2000年 3 月，由5家著名设计单位提供的设计方案向公众展出并进入评审。经过仔细考虑， 认为各方案尚不能充分体现歌剧院的内涵而遭到一一否决。2001年末，广州歌剧院再次被确定为广州市2002年重点建设预备工程，开始第二轮角逐。这次竞赛属限制性国际邀请建筑竞赛，邀请了国内外9家具有丰富的相关工程设计经验和相应设计资质的建筑设计单位参加，分别为：北京市建筑设计研究院、奥地利Coop Himmelblau事务所、澳大利亚考克斯事务所、荷兰OMA事务所、日本高松伸建筑设计事务所、华南理工大学建筑设计研究院、美国Gonzalez Hasbrouck事务所、德国GMP建筑设计事务所、英国扎哈·哈迪德事务所9家设计单位参加，每家设计单位只能提交一个方案。广州市规划局在2002年11月29日，公布了这次国际邀请赛设计竞赛的9个方案。在方案公示的半个月内，市民可以通过现场及互联网参与投票，发表对这些方案的看法与建议。

与此同时，也展开了专家的评审工作，分技术委员会和评审委员会两个层次。评审的基本要求是：满足歌剧、舞剧及大型综合文艺演出等使用功能要求；充分考虑地域环境，反映时代精神，能够成为广州的标志性文化建筑，体现其作为广州高雅艺术殿堂所应具有的文化内涵与艺术特质；技术先进，经济合理，有充分的可实施性；各项技术经济指针合理、准确，结构选型、材料应用及施工技术符合中国国情并适用于华南地区；工程造价估算不突破规定的工程总造价金额。

由12名规划、建筑、结构、声学、舞台工艺、设备、建筑经济等领域的知名专家组成的技术委员会，首先对9个参赛方案进行了技术审查，提出书面意见。评审委员会由齐康、关肇邺、张锦秋、陈世民、许安之、莫天伟、王蒙徽等7名专家组成，齐康院士为评审委员会主席。经过评审，最终奥地利Coop Himmelblau事务所设计的2号方案“激情火焰”、英国扎哈·哈迪德事务所设计的4号方案“圆润双砾”及北京市建筑设计研究院设计的5号方案“贵妇面纱”脱颖而出，成为优胜方案。

下面，我们也来浏览一下这9个方案。

1号方案：阳刚钢甲

这是一座浓郁绿树环抱之下的、由几层银灰色“钢甲”叠合而成、装甲味十足具有阳刚之美的建筑。对建筑周边的规划绿地与广场的结合作了较好处理。大厅由钢骨玻璃面构成，似乎从中能听见隐约的金石和鸣。为了调和建筑物过于硬朗的线条，在歌剧院两侧设计了两湾清澈的人工湖。

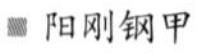阳刚钢甲

■激情火焰

2号方案：激情火焰

方案以其具有震撼力的形象，给人以“酷”的感觉。入口由一片透明的玻璃罩住，状如“喷发的火焰”，使整个歌剧院充满腾空感，给人全新的视觉冲击；玻璃罩下的一泓清水，又将人们的视线拉回地面。同时，方案通过两种绝然不同的建筑外形、材料和感觉相互对比、碰撞，营造出富有戏剧性的“管形前厅罩”，形成城市与建筑之间的交融与过渡，兼顾了沿江景观效果及建筑内部空间与珠江景观的交流，也使得室内空间极具创意，空间丰富而具流动感。

3 号方案：折叠纸卷

在这里，设计师提出了“车间”的概念，创造了一种新颖独特的外形，体现了工业与艺术的交融。观众从入口进入后（模型左下方），过渡到巨大的接待处——折叠的前厅、多功能厅，再右转进入观众厅。方案极具想像地将观众席设在米白色的“折叠卷”里，“折卷”本身为楼座（模型右方），舞台设在其后的铁架子部分，台口似乎是铁架子上开着的一个洞，从洞中欣赏歌剧，以一种连续开放的公

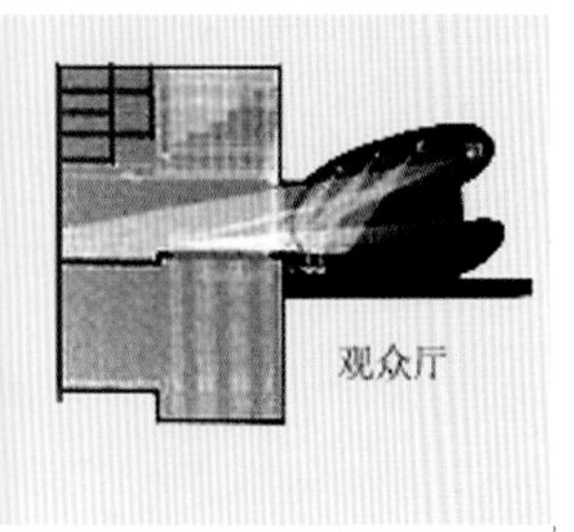

■折叠纸卷
■折叠纸卷剖面示意

共领域取代了传统的环绕观众厅的封闭小空间。建筑不仅材料色彩有着强烈对比，而且内部空间流动而独特。

4号方案：圆润双砾

■ 圆润双砾

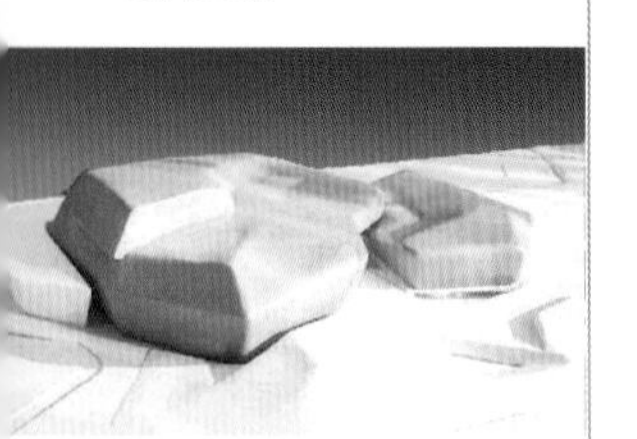

被评价为后现代性特征非常突出的4号方案，以灰黑色调有如被水冲击的两块砾石被称为“双砾”的建筑构成其自然、粗野的原始造型，具有触手可及的质感，与周边高楼林立的现代都市的形象构成鲜明的对比。仿生的设计理念使该设计具有未来感，既像砾石，又像孩子们玩累了置于一角的橡皮泥，以看似圆润的造型，表达了内心的纯真。建筑封闭的造型提供了绝佳的音响效果，多功能演奏厅内可以自由转动的观众席与舞台，更可以使观众多角度欣赏演出①。

① 据悉，广州歌剧院设计方案“圆润双砾”已被最后选中。

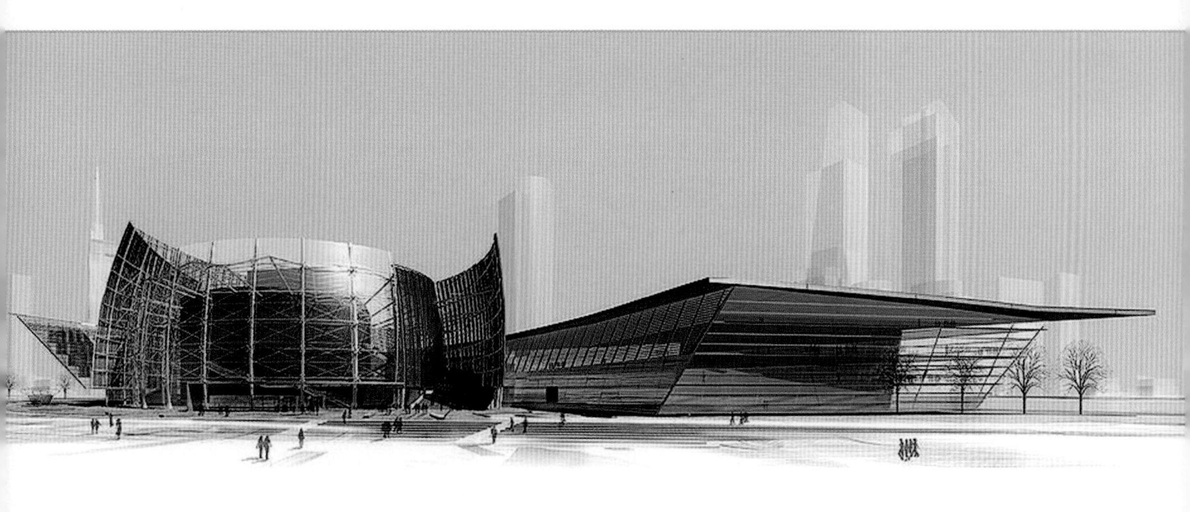

5号方案：贵妇面纱

该方案被认为是最具中国特色的设计，大广场、明亮的半圆形网状楼体……乍一看会有似曾相识的感觉，而唤起对“中式”传统的记忆（如何体现，怎么看不出来！请更说明）。方案总体造型飘逸，圆形楼体前的褐色网状护罩，就像贵妇的面纱，点缀得十分雅致。从空中俯视，如一朵木棉花盛开在珠江江畔。而两翼的金色弧片，又使歌剧院从珠江遥望如片片金色帆影。尤其值得一提的是，该方案的夜景效果非常出彩，大厅金碧辉煌，颇具节日气氛。（图片右边的大厅是不是剧院的一部分，什么用途？）

■贵妇面纱

■贵妇面纱

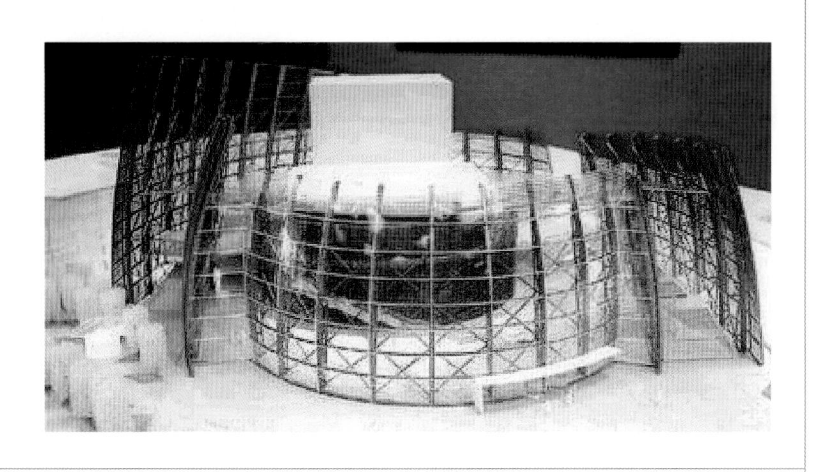

■梦幻水晶

6 号方案：梦幻水晶

该方案以介于流体和固体之间的建筑玻璃材质构筑出棱角分明的、“酷”感十足的水晶质感；不规整的造型赋予自由的想像空间，充分表现了其作为高雅艺术殿堂的神圣性。这是一个既浪漫又高雅，充满“表现主义”色彩的设计方案。灯光通过晶体将周围的景物照射得通透光明，像一只神秘的玻璃八音魔盒。

7号方案：贝含珍珠

采用象征主义的设计手法，整体造型犹如两片弧度优美，洁白无瑕的贝壳。由1000座喷泉构成的喷泉水幕，可与30层楼高匹敌的水柱与朝天耸立的光华门，同时成为代表广州城市景观的新象征，形成“贝含珍珠”的景观。剧院内，大剧场和多功能厅相对配置于东西两侧，一层有戏曲信息广场、艺术品商店和视听室。这是一个亲民性极强的方案，因此而赢得了众多市民的选票。

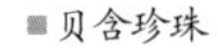
■贝含珍珠

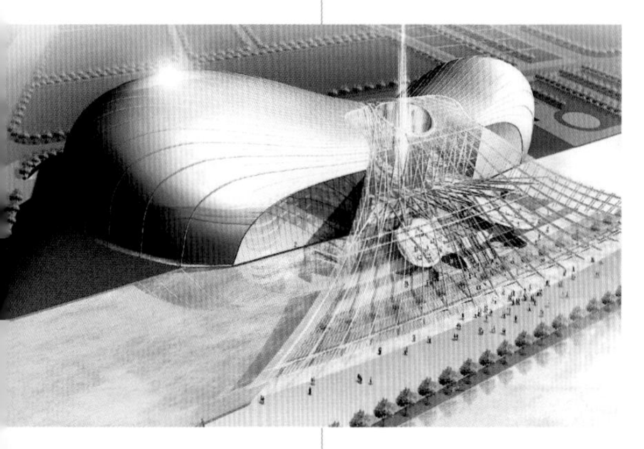

8号方案：翠绿钢条

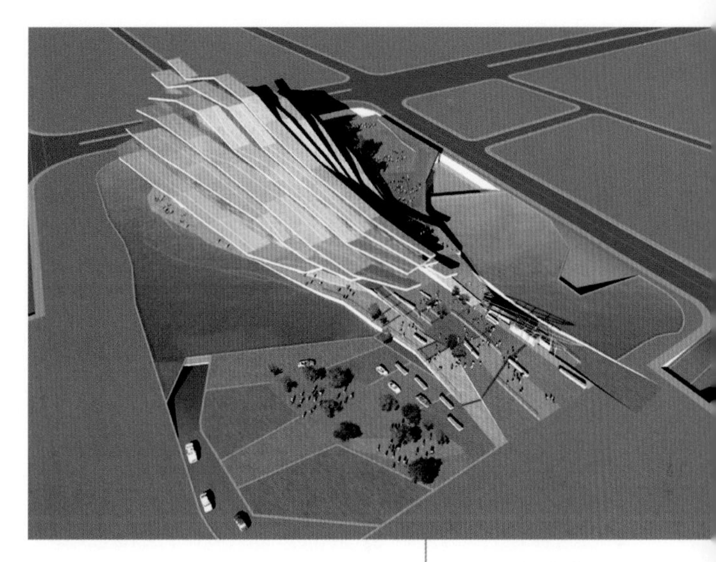

整个歌剧院由粗大的建筑条片构建而成，具有极强的流线感和层次感；屋顶材质力度十足，高低错落，仿佛由几条刚劲的钢片组成，翠绿的色调则为它增添了些许温柔，是一个力度与柔美完美结合的方案。粗大的建筑构件，仿如交响乐的宏大乐章，大气磅礴，表现力特强。

■翠绿钢条
■岭南庭院

9号方案：岭南庭院

该方案一改传统歌剧院中观众都是经过前厅进入观众厅的惯例，而将前厅与观众厅分离，两者之间设计一个岭南庭院式的绿色峡谷，而将屋顶作为音乐主题公园。两厅之间形成的庭院，充分考虑了岭南气候，既有郁郁葱葱的树木，又有潺潺珠江水，使建筑具有了浓郁的岭南特色。

既使得人们享受到来自大自然的气息，还创造出一个相对独立的“城市客厅”。

当我们阅读完这一个个方案时，不禁为它们的奇思妙想感到耳目一新，也为之兴奋。虽然在落选方案中，也不乏优秀之作。但作为一个标志性建筑的设计方案，广州歌剧院不但要综合评价其建筑外形、使用功能和技术可行性等方面；还要具备自己的建筑特色，要与世界上所有的歌剧院都不同。所以，专家们弃选了有雷同之嫌的1号和7号方案。1号方案（阳刚钢甲）与举世闻名的悉尼歌剧院有“异曲同工”之处，7号方案（贝含珍珠）则与正在建设的颇受非议的国家大剧院的蛋形外观类似，且造价过高。3号方案（折叠纸卷）则由于其过于“古怪”及专家对敞开式的音响效果表示质疑而遭淘汰。6号方案（梦幻水晶）虽然极具浪漫气息与个性，但是由于其存在一些较为突出的问题，如建筑外壳与内部空间几乎是彻底分离、建筑物的特殊外型使玻璃屋面的多方向折射光所形成的光污染、屋面雨水的收集与排除、保洁等方面的技术难点难以解决，也使得方案落选。

专家对中选的3个方案——2号（激情火焰）、4号（圆润双烁）与5号（贵妇面纱）作出的评价是，它们不仅能满足歌剧院演出歌剧、舞剧及大型综合文艺演出等功能要求，还充分考虑到建筑处于珠江边和城市中轴线的特殊核心位置，作为广州市的标志文化建筑，能够体现出广州高雅艺术殿堂所应有的文化内涵和艺术特质。此外，技术指标准确、工程造价合理也是它们中选的重要原因。这3个方案，广州市规划局将把评审意见提供给设计者，以便修改、调整后再次角逐。届时，广州市政府将根据评审意见包括公众舆论和多种指标，进行综合评价再经过谈判，才能最终确定实施方案。广州歌剧院也才能落下她美丽的面纱……

就像任何的建筑国际竞标一样，在专家们的意见之外，各界人士对歌剧院尤其是它的造型，也必会持有各自不同的意见。也许我们在匆匆浏览过之后，也会对这些方案有个人独到的见解。然而，也许这个在文化产业催生下的城市新建筑建成后的命运更值得我们关注。正如我们知道的那样，一个城市的吸引力与竞争力，最重要的还是看它的文化资源、文化氛围和文化发展水平。所以，广州歌剧院建成之后，如何在推动广州文化市场文化产业上起到积极的作用，是我们在建筑之外值得关注的问题。当我们面对着大街小巷中文化遗产的瓦解，感受着与经济高速增长不相适应的文化发展滞后，面对CCTV新总部的库哈斯双“Z”方案之争，面对2008年奥运会主体育场——国家体育馆“鸟巢”方案的落幕，感受着在屡次国际建筑竞赛后，给我们的本土建筑师和本土文化带来的冲击时，也的确迫使我们思考更多的问题。所以，此时希望这座在文化产业催生下的新建筑——广州歌剧院，带给我们的不仅仅是一个标志性建筑的问世，更多的应是对文化深层次的思索与反省。只有当我们整个社会的文化素养得到提高以后，我们才有可能创造出更加符合自己意愿的建筑及文化。此时我不免庆幸，从2802名市民前往展馆，2万人通过互联网参加投票的热切关注中，从网上不断评价方案的帖子上，能欣喜地感受到——越来越多圈内圈外的人开始关注起建筑设计了，比起建筑曾经遇到过的公众的冷落，总算是幸事吧！

来雁塔

吕宗林*

我一直相信，人与人之间、人与物之间，一定存在着某种机缘，当神秘的时间之窗开启，那令人动心的相知一刻就会来临。

我的家乡衡阳，是湘中的一座大城。湘江自南而北穿城而过，将城分成东、西二部，以湘江大桥相连。粤汉铁路在湘江东岸，但城市的主要部分却在西岸。衡阳坐落在北回归线附近，传说秋分时大雁开始南飞，到了衡阳就停止了，不再南去。春分时大雁又从衡阳飞回北边。人们在西城北边合江套濒临江道转弯处的高地上建起了一座大塔，即名来雁塔；西城南边有一座不高的山峰，称回雁峰；整个衡阳又称雁城。范仲淹《渔家傲》有句云：“塞下秋来风景异，衡阳雁去无回意”，就用了这个典故。

来雁塔始建于明万历九年（公元1581年），历时13年建成，是由礼部尚书衡阳人曾朝节倡议建造的，同时还疏通了江中石滩，以利航船通行。清嘉庆、道光、同治及民国

■来雁塔

* 作者：湖南省作家协会作家、诗人。

间均曾修葺，基本保持了明代原貌。来雁塔为七层八角楼阁式砖石塔，通高36m，底边长7.33m，须弥座石基上饰有浮雕图案，汉白玉门额上镌“来雁塔”三个大字，系清朝兵部尚书衡阳人彭玉麟手书。抗战后期，塔顶宝瓶毁于战火；1983年，来雁塔被公布为省级文物保护单位。1989年，衡阳市政府对其进行了全面维修，并恢复了山门，有《续修来雁塔记》碑，嵌于第一级门洞左侧。

■来雁塔

塔是佛教纪念性建筑，其原型及宗教含义均源自印度，原指佛祖释迦牟尼的坟墓，在中国也用以葬埋高僧遗骨，以后含义又有所拓展，譬如来雁塔，就明显具有城市标志的意义。过往航船很远就能望见，标示着即将进入或离开衡阳了，又寓有保佑船只平安的意思。湘江自南向北流去，来雁塔在衡阳之北，处江水下游风水学称为“水口”的地带。湘江东岸，与来雁塔遥遥相望，光绪间又建造了珠晖塔。水为财，双塔临岸，“锁”住“水口”，意使衡阳人的文采和财运不至随水流去。这当然是一种迷信的说法，但却给古时的人们造成了一种心理上的安全感。其实，在某种意义上“风水”就是“风景”，也含有以人工建筑来美化自然的作用，故清代以来，类似来雁、珠晖这一类风水双塔，在许多城市水口地带都有建造。

“吱呀”一声，当我推开那扇油漆脱落勉强看得出是朱红色的山门，我的心猛地一抖，喃喃自语：来雁塔，我来拜访你了。塔前的坪地间，几株夹竹桃在冬日的阳光下依然绿着，仿佛护塔的卫士，全然不理会岁月的霜刀风剑，让人顿生敬意。此时，就只有我一个游客：一个土生土长的衡阳人，在一座古文化曾经枝繁叶茂的城市里懵懵懂懂生活了几十年之后，突然想起应该去寻找一处古迹，拜访一座古塔，拨开那已经尘封了的古文明的尘埃……

沿着石阶，愈近塔门，心中愈感到一种肃穆，或者竟而敬畏。门匾上“来雁塔”三字已难以辨认了，岁月这把无情的剑，将世间多少清秀刚劲搅得腾朦胧胧，似是而非。当年彭先生运笔挥毫之时，是否会想到这样的结果？塔旁是一片厂房，化学气味很浓，烟囱吞云吐雾，似乎要把怨气都发泄到塔身上。细看，整座塔上不长一蔸草，塔身的下部护泥也已开始脱落，砖墙裸露，显出龙钟老态。来雁塔的境况看来并不理想。想想看，一个衡阳人来了，摇摇头，悄无声息地离开了；一百个衡阳人来了，也都摇摇头，也离开了。这就奇怪了，大家居然都这么有涵养，一幅温文尔雅的样子。可几个月前有两个北京人来了，看了，不乐意了，伤心得很，说来雁塔干脆改为“来烟塔”算了，衡阳人身在福中不知福啊!说这话的是北京大学教授、著名诗歌评论家谢冕先生，与他同来的是中国人民大学教授、著名诗歌评论家程光炜先生。这番话是在座谈会上听到的，当时我的脸就火辣辣的。现在我也许就站在两位教授也曾站过的地方，向这座古塔仰望，相同的感受顿时弥漫全身。在时间的流逝中，沉默如山的来雁塔依然在这儿沉默着，没有任何声响，但我仿佛能听得到她的心跳，和一声比一声沉重的叹息。我不知道人与自然的沟通，是否每个人都能感应得到，但我是确确实实被震撼了。

我国现存有3400多座佛塔，可以说是塔的国度。现存最早的木楼阁式塔仅存山西应县释迦塔一座，经历940多年风雨仍巍然挺立于华北大地，体现出中华民族伟大的艺术创造精神。现存最早的密檐式砖塔是建于公元523年的河南登封嵩岳寺塔。来雁塔建于明万历年间，相比于较之稍早建于1515—1527年的山西洪洞广胜上寺飞虹塔（琉璃塔）的华丽斑斓，来雁塔显得似乎比较憨厚土气，更多一种平民的朴素。塔的二、三层外有护栏，可凭以远眺山水。在塔的第三和第四层，每个檐角上都蹲踞着一头小白玉石狮，面对前方，虎虎生威。塔内为双层套筒式，沿套筒之间螺旋形石阶拾级而上，可直登最高层，任飒飒天风吹拂，观粼粼江水流逝，不免引发起思古之情。塔内供有佛像，壁间遗有诗词，已模糊难辨。

400多年了，不知道有多少壮士豪杰来过，有多少达官贵人来过，有多少僧人信徒来过，有多少平民百姓来过。风雨来过，霜雪来过，黎明来过，黑夜来过。瞻仰、祈祷、朝拜，在这里稍作停顿、汇合，而后又随风飘散。一座石头造的冰凉的古塔，竟以超越尘埃的冷静接纳了一个又一个截然不同的拜访者，又以超然的大度目送了一个又一个截然不同的灵魂。站立于此，总算可以暂时静下心来，想一想人与自然的相处到底是怎么一回事了？想一想烟囱、裸墙和无法辨认的字迹，它们之间有哪些必然的联系？想一想自己今天到这里来究竟要寻觅什么？我忽然觉得那些夹竹桃是多么可爱！她们和古塔一道，选择了忍耐和孤独！我甚至惊叹于她们的生存能力，在如此恶劣的环境下，竟然还能我行我素地生长，而且四季长青！塔前民房里的老奶奶告诉我，这河沟河坎边和来雁塔畔，只有夹竹桃成活得好，活得青翠！

常年在这里守塔的文物管理员说，近几年到这里来的游客越来越少了，原因是明摆着的。还说有位老板想到这里投资，考察了一回，头也不回就走了，说来有点苍凉。

在缓缓流淌的湘江边，古文化浑浑噩噩地醒着，却让一位慕名而来的诗人清清醒醒地浑噩着。

步出塔门，猛然刮起一阵风，预示着可能有一场寒潮要来。来雁塔，挺住啊！

建筑意稿约

“建筑意”，这是一个蕴含着多么丰富的人文内涵的迷人话题！我们的宗旨是：为社会打开一个认识这个新世界的窗口，既面向建筑业界和建筑院校师生，更面向文化、美术、美学、文物、历史、旅游、民俗等文化艺术界和广大公众，并在这两大人群之间架设一座迄今尚无的沟通桥梁。

《建筑意》是一种系列文集，随编随出，争取一年至少出版四辑，由时空意匠艺术工作室策划，清华大学建筑学院协办，吴良镛、周干峙顾问，萧默主编，王贵祥副主编，中国建筑工业出版社出版，海内外发行。

《建筑意》侧重建筑的“意”——意念、意义、意味、意趣、意韵、意匠、意蕴……以及这些精神性质素通过美的形象达成的一种意象和最后体现的意境……总之，侧重于建筑文化、建筑艺术和建筑历史层面，介绍中国和世界建筑艺术精品，评鉴历史与现状，探讨创作与理论。这里的“建筑”为广义，包括建筑、城市、园林、城雕与壁画、装修与装饰等诸多方面。

《建筑意》定位为人文性、艺术性和学术性，强调知识性、可读性、趣味性，于其中贯穿学术精神。我们重视稿件的学术深度，但对于“建筑意”这个原本十分有趣的话题，理应更多赋予可读性。我们盼望站在文化学、艺术学、建筑学、美学和历史学交叉路口的，视野开阔、以美动人、新意迭出的文章。除非特别的必要，我们希望赐稿破除“学术论文”的严肃面貌，赞赏文词清新晓畅、简易如话、亲切而风趣的文风，将“学术论文”化为“学术散文”，也欢迎与“建筑意”有关而富于启发的杂感漫谈乃至轶闻乐事；我们将力争做到品味高尚、短小精悍、文图并茂、版式新颖、雅俗共赏。凡一切言之有物的文章，只要能“自圆其说”，不论观点，也不论作者是否建筑“业内”人士，均一体欢迎。

我们遵循“二为”、“双百”方针，尤重学术批评与评论，欢迎展开友好的探讨与争论。

我们谢绝任何形式的“版面费”，欢迎学生赐稿。尊稿一经采用，出版后即奉致稿酬。

来稿请文责自负，凡涉及他人著作权的引用均请注明出处。我们将充分尊重所有来稿的著作权，但保留《建筑意》的整体著作权，并可能在不触动作者观点的前提下对尊稿进行必要的文字加工。若不愿修改，请特别注明。

文字稿请以e-mail方式寄达，或寄送软盘。除了特别的必要，一般不超过3000～4000字。为了充分表现作为造型艺术的建筑作品,《建筑意》的图片将较一般建筑书刊为多，来稿请多寄送，以供选择。照片务请清晰，线图宜简洁，并请注意图、照本身的艺术性。数码照片（若为jpg格式，压缩前约为10余MB）或数码线图请寄光盘，其他照片请寄反转片或五寸以上的扩印片，线图寄清晰的复印件。

尊稿采用后，为了今后编辑合集，一般不退稿，请自留备份。未采用之文章和图片将适时退稿。请来稿除笔名外也写明本人真实姓名、详细地址、邮编、电话、e-mail址、服务单位、职务或职称。

赐稿请寄：

北京市朝阳区砖角楼北里5号佳中写字楼5层508室

北京时空意匠文化艺术工作室刘玉坤收

邮编：100013

电话：010-64218766　010-64228766

e-mail：skyj@vip.sina.com

时空意匠文化艺术工作室 敬上